世界でいちばん簡単な

Python

プログラミング

eの

イー本

Anaconda/
Jupyter対応
第2版

Pythonアプリ作りの考え方が身に付く

Kinjo Toshiya

金城俊哉 =著

秀和システム

「難しい」がやがて「面白い」へ

　プログラミング言語の人気の度合いを表す指標として知られる「PYPL PopularitY of Programming Language」によると、Pythonは2020年4月時点で第1位となっています。PYPLは検索エンジンでプログラミング言語のチュートリアルが検索された回数から、対象となるプログラミング言語がどれだけ話題になっているかをインデックス化したものです。

　ここまで人気になったのは、「プログラミングの学習に向いている」ことで、初めてプログラミングを学習する際に多くの人がPythonをチョイスしているからではないでしょうか。Pythonの文法はとてもシンプルで、やりたいことをそのままコードに表せるのが大きな魅力です。多くの言語において、ある目的の処理を行うために、段階的な手順（手続き）が必要なのに対し、Pythonには面倒な手続きがほとんどありません。やりたいことをそのままコードで表現できるので、プログラミングするのがとてもラクですし、あとでプログラムコードを読み返したときに、処理の目的や処理の手順がひと目でわかるほどです。

　一方、Pythonは「オブジェクト指向型」という概念に基づく強力な機能を備えた言語です。文法もシンプルであることから、デスクトップアプリやWebアプリを開発するための外付けのライブラリをはじめ、AI（人工知能）開発のための様々なライブラリまでも提供されています。目的のライブラリをインストールすることで、話題のAIの開発や様々な学術計算を行うプログラム、Web上で稼働する大規模なプログラムの開発が行えます。余談ですが、SNSで人気の「Instagram（インスタグラム）」や写真共有サイト「Pinterest（ピンタレスト）」はPythonで開発されています。

　この本はPythonを簡単に、かつ楽しく学ぶための本です。プログラミング自体にはそれ相応の難しさはありますが、初歩の初歩からわかりやすい言葉でていねいに伝えるように心がけました。また、プログラミングの題材も、対戦型ゲームの要素を取り入れたものやWeb上から天気予報を入手してくれるものなど、「作る楽しさ」がある題材を用意しました。

　この本がプログラミングの楽しさを知るきっかけになり、Pythonを学習する一助になることを願っております。

金城俊哉

本書の特徴

▶ 対象読者

本書は、次のような方を対象に書かれています。

- Pythonプログラミングを初めて学ぶすべての人
- プログラミングが初めての人
- 一度、プログラミングに挑戦したが、挫折してしまった人

▶ 本書の目的

本書の目的は、Pythonを通じて、プログラミングの基礎的な知識とテクニックを身に付けることにあります。

▶ 本書の構成

★各章の扉

ここで何をするのかを述べています。いわば、それぞれの章のあらすじです。まずはここを読んでから学習を始めてもらえればと思います。

★第1章　はじめよう! Pythonプログラミング

プログラミング言語とは何で、Pythonとはどういうものなのかを紹介しています。

★第2章　Pythonプログラムの材料

プログラムにおけるデータの扱い方について紹介しています。

★第3章　Pythonの「道具」を使って処理の流れを作ろう

プログラムの流れを制御する方法について紹介しています。

★第4章　Pythonの仕組みを使っていろんなデータを作ろう

プログラムのデータをさらに便利に扱う方法を紹介しています。

★第5章　プログラムの装置を作ろう

オブジェクト指向という考え方を使って、プログラムを自在に動かすテクニックについて紹介しています。

★第6章　インターネットにアクセスしよう

Pythonのプログラムからインターネットにアクセスして情報を収集する方法について紹介しています。

★第7章　プログラムをGUI化しよう

デスクトップ型の操作画面を持ったPythonプログラムの作り方を紹介しています。

▶推奨するプログラミング環境

本書では、次の環境でプログラミングを行います。

- オペレーティングシステム
  Windows 10
  macOS
- Python 3.7.7
- Jupyter Notebook 6.0.3
- Spyder 4.0.1

目次

CONTENTS

　本書で作成したデータは、㈱秀和システムのホームページからダウンロードできます。本書を読み進めるときや説明に従って操作するときは、サンプルデータをダウンロードして利用されることをおすすめします。

　下記の URL よりダウンロードしてご利用ください。

URL　https://www.shuwasystem.co.jp/support/7980html/6187.html

ダウンロードファイル一覧

以下の Chapter、Section で作成したプログラム

- Chapter2 Section09
- Chapter3 Section01 ～ 05
- Chapter4 Section04 ～ 07
- Chapter5 Section01 ～ 05
- Chapter6 Section02、06
- Chapter7 Section01 ～ 07

本書をご購入いただいた方への特典

　営利目的での再配布はご遠慮ください。

Chapter 1

はじめよう！
Pythonプログラミング

　米国のPierre Carbonnelleが2020年4月に発表したプログラミング言語の人気度で、Pythonが1位の座を獲得しています。ブラウザーで動作するプログラムを独占するJavaScript、幅広い分野で使われるJavaを抑えての1位はスゴイことです。

　Pythonといえば、いまやディープラーニングの分野で有名ですが、実はインターネットのサーバーで動くプログラムの開発も得意です。インスタ映えで有名な「インスタグラム」って聞いたことがあるでしょうか。実は通称「インスタ」もPython製なんです。そんなことから、サーバーで動くプログラムの開発用言語としてもPHPからPythonへの乗り換えが進められているようです。

　Pythonは、プログラミングを学ぶのに最適な言語といわれています。この章では、Pythonの特徴を知り、Pythonで何が作れるのか、将来どう生かせるのかを確認したあと、プログラミングに必要な環境を用意する手順を紹介します。

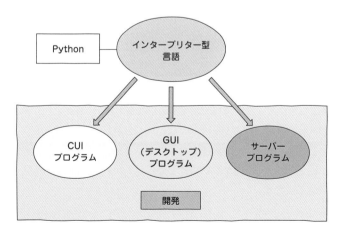

そもそもPythonって何のためのもの?

いうまでもなくPythonはプログラミング言語であるわけですが、そもそも「プログラミング言語」の意味がいまひとつよくわかりません。それにコンピューターで動くプログラムを作るにしても、なぜいろんな種類の言語があるのでしょう。

コンピューターへの命令を作るためのプログラミング言語

ご存知のようにコンピューターは、電気で動きます。究極的な仕組みとしては電気の「あり」と「なし」を1と0に置き換えることでデータを表現します。ずらっと並べられた1と0のデータをCPU(中央演算装置)があれこれ並べ替えて「状態を変化させる」ことで、コンピューターらしい処理を行います。

▶▶ コンピューターは電気の信号で動く

こんなふうに電気で動くコンピューターに何かをやってもらうには、電気的な信号を渡すことになります。人に何かを命令するときは「話しかける」「文章で伝える」ということをしますが、コンピューターには「電気的な信号」で命令を伝えるわけです。

ただし、信号だとその場で消えてなくなってしまうので、繰り返し使えるようにファイルに保存しておきます。**実行可能ファイル(EXE)** と呼ばれるファイルがこれに当たります。実行可能ファイルには、1と0だけの命令文が書き込まれているので、ファイルを実行すれば1と0の信号(デジタル信号)がCPUに伝えられ、画面に文字が現れたり、プリンターで印刷が始まったりします。

▶▶ コンピューターとプログラムの橋渡しを行うのが「OS」と呼ばれるソフトウェア

とはいえ、何もない状態で実行可能ファイルをダブルクリックしても何も起こりません。「ファイルをダブルクリックしたらファイルの中身をCPUに渡す」という仕組みが必要です。これをやってくれるのがWindowsなどの**OS**と呼ばれるソフトウェアです。Windowsももちろんプログラミング言語で書かれたソフトウェアです。ソフトウェアではありますが、コンピューターと直接やり取りするのが、WordやExcelといった一般のアプリケーションと異なる点です。

▶▶ 人間の言葉に近い命令文を1と0の命令に書き換える「コンパイラー」

いずれにしても、OSも一般のアプリケーションもプログラミング言語で開発されています。WindowsやmacOSは**C言語**で書かれて（開発されて）います。ここで疑問が1つ湧いてきます。「なぜ1と0で書かないのか」という疑問です。C言語にしてもPythonにしても独自のキーワードを使って英語っぽい書き方でプログラムを作ります。これがプログラミングに当たります。初期のコンピューターでは、直接1と0だけの命令文を書いてコンピューターを動かしていましたが、それでは命令できる数も限られますし、命令自体を作るのも大変です。1と0の並びだけの暗号のようなものを作るには超人的なスキルが必要なので、誰でもプログラムが作れるというわけにはいきません。

そこで「プリントして」とか「100を3で割った余りを求めて」のように人間の言葉に近いものを書けば、それを自動的に1と0の並びに「翻訳」してくれる仕組みが考え出されました。これが**コンパイラー**と呼ばれるソフトウェアです。

コンパイラーが翻訳して作り出す1と0のデータは**機械語**（または**マシン語**）と呼ばれます。それぞれのプログラミング言語ごとにコンパイラーが用意されています。C言語はCコンパイラー、もちろんPythonにも専用のコンパイラーがあります。

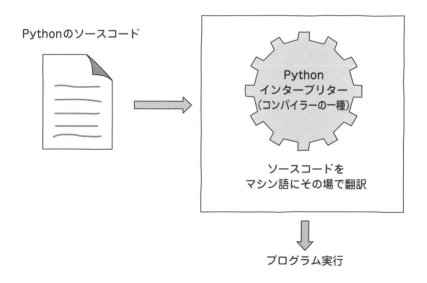

そもそもどうしてプログラミング言語っていっぱいあるの？

　ところで、なぜ、世の中にはたくさんのプログラミング言語があるのでしょう。Windowsを開発できるならC言語ですべてのアプリケーションを作れるはずです。確かに、C言語でいろんなタイプのアプリケーションを作ることができます。C言語で書かれたプログラムは動作速度が速いので、ゲームプログラミングの世界でよく使われます。

　しかし、現在のコンピューターの使われ方を見てみると、書類の作成や計算処理、あるいは画像処理、さらにはブラウザーやWebサーバーのように通信処理を行うものなど、実に多様です。C言語はコンピューターの基幹部分と直接やり取りできる強力な言語ですが、これらすべてをまかなうには無理があります。やってできないことはないのですが、プログラミングが複雑になるなどのデメリットがあります。

▶▶ 様々な需要に特化した言語が続々と開発された

　そこで、計算処理に強い言語、あるいはWebを利用した処理が得意な言語のように、時代のニーズに合わせていろんな言語が考え出されてきました。C言語をさらにわかりやすいかたちにして、様々な分野のアプリケーション開発に対応できるようにしたJava言語をはじめ、Web専用として開発されたPHP、さらにはPerl、Rubyなどの言語が続々と開発されてきました。そうした中で「洗練されたプログラミング言語」として登場したのがPythonです。もちろん、ほかの言語だって十分に「洗練」されていますが、Pythonは文法がシンプルで初心者の学習に最適だというのがもっぱらの評判です。

PythonはGoogle社における
「3大開発言語」の1つです。
(C++、Java、Python)

01 はじめよう！プログラミング

02 プログラムの材料

03 処理の流れを操ろう

04 いろんなデータを扱おう

05 プログラムの機能を作ろう

06 インターネットにアクセスしよう

07 プログラムをカッコよくしよう

資料

Section 02 Pythonってこんな言語

Pythonは、ほかのプログラミング言語と同じように、英単語と記号を並べて英語っぽい書き方をします。それでも、書き方のルールがきちんとしているので、「誰が書いても読みやすいコードになる」のが特徴です。

プログラミング言語としてのPython

プログラミング言語には、それぞれ書き方があり、同じような英語の命令文（これを**ソースコード**と呼びます）であっても、使われる単語や書く順番などが異なります。各言語における書き方のルールのことを**文法**と呼びます。「Pythonのプログラムを書く」という場合のPythonは、Pythonの文法のことを指します。

ソフトウェアとしてのPython

Pythonで書かれたプログラムをマシン語に翻訳するのが**Python**というプログラムです。いってみればPythonはコンパイラーなのですが、ソースコードを「その場」でマシン語に翻訳します。本来であれば、プログラミングすることによって書かれたソースコードをコンパイラーで機械語に翻訳して実行可能ファイルを作ります。

この作業をコンパイルと呼ぶのですが、Pythonのソースコードはコンパイルする必要がありません。コンパイラーの代わりにインタープリターと呼ばれるソフトウェア（これがPython本体です）が用意されていて、プログラムの実行時にその場でマシン語に翻訳するのです。

▶▶ 書いたそばからそのまま実行する「インタープリター型言語」

C言語のようにコンパイルすることで実行可能ファイルを作成するタイプの言語を**コンパイラー型言語**と呼びます。一方、Pythonのようにコンパイルを必要としない言語を**インタープリター型言語**と呼びます。インタープリター型言語には、PythonのほかにJavaScriptやPHP、Perl、Rubyなどの言語があります。なお、Javaという言語はコンパイラー型とインタープリター型の複合型というちょっと変わった特徴を持ちます。

どうしてこんなにもインタープリター型の言語が多いのかは、次の理由によります。

- ・コンパイルの必要がないので、プログラミングしたらすぐに実行することができる。
- ・インタープリターさえあれば、コンピューターの種類を問わず同じようにプログラムを動作させることができる。

1つ目の理由についてはよくわかります。ソースコードを書いたファイル（ソースファイル）がそのままプログラムになるのですから、管理もラクですし、直したいところがあれば書き換えたあと、その場で実行して動作を確認できます。

一方、2つ目の理由は、Python（インタープリター）がコンピューターにインストールされていればプログラムを実行できるということです。コンパイラー型の言語は直接、マシン語に翻訳しますが、それはコンピューターが理解できなくてはならないので、CPUの種類が違えばそれに合わせたマシン語にすることが必要です。つまり、開発者は、プログラムを実行するコンピューターのことを考えながら開発しなくてはなりません。

これに対してインタープリター型の言語は、インタープリターさえ用意されていればプログラムを実行できます。コンピューターの種類に合わせて実行可能ファイルを用意する必要はないので、開発者はプログラミングだけに集中できるのです。これは「開発効率」という点から最も重要なポイントなのです。

○ Python（のインタープリター）を配布している「Python Software Foundation」のロゴ

Section 03 Pythonで何が作れるの?

すでにお話ししたように、SNSで人気の「Instagram(インスタグラム)」はPythonで開発されています。このほかにも写真共有サイト「Pinterest(ピンタレスト)」やオンラインストレージの「Dropbox」もPython製です。

具体的にどんなものが作られているの?

「Pythonを習得したらその先に何があるのか」を知っておくことは、学習のモチベーションを高めることにもなります。そこで、現在どんな分野でPythonが使われているのかをジャンル別に見ていきたいと思います。

▶▶ 統合開発環境

まずは、Pythonで開発するための**IDE**(**統合開発環境**)です。**IDLE**(アイドル)はPython標準のIDEですが、もちろんPythonで作られています。また、本書で使用するJupyter NotebookやSpyderもPython製です。

▶▶ Webアプリケーション(サーバーサイドプログラム)

Webサーバーで動作するWebアプリケーションプログラムを**サーバーサイドプログラム**と呼びます。FacebookやTwitter、WordPressなどはみんなサーバーサイドプログラムです。すでに紹介したInstagramのほか、Pinterest、DropboxがPython製です。ブログ用アプリやウィキを使用したHTML編集アプリなども公開されています。

○ Instagramのログイン画面
(https://www.instagram.com/)

自分で撮影した写真をネット上で公開するアプリ

PC上で動作するデスクトップアプリケーションとしては、音楽プレーヤーからゲーム開発、数学計算用の機能を搭載したものまで、様々なアプリケーションが開発されています。

Pythonのためのプログラム

Pythonは「後付け」のプログラムが豊富です。これを**外部ライブラリ**と呼ぶのですが、目的に応じて外部ライブラリを追加することで、Pythonの機能を強化できます。外部ライブラリは、Pythonで書かれたソースコードをまとめたものなので、プログラミングしながら外部ライブラリのソースコードを呼び出すことで、高度な処理を行うというわけです。

▶▶▶Webフレームワーク

フレームワークとは、ある目的を実現するために用意されたソースコードを集めたもので、1つのパッケージとして配布されています。PythonでWebアプリケーションを開発するためのCherryPyやDjango（ジャンゴ）、Flask（フラスク）などが広く利用されています。これらのフレームワークを使用すれば、いちからプログラミングする場合に比べて短時間でWebアプリケーションの開発が行えます。

▶▶▶科学／数学用のパッケージ／ライブラリ

科学計算や数学計算のためのPythonで開発したプログラムが、1つのパッケージ、またはライブラリとして公開されています。これらのパッケージやライブラリを自分で開発したプログラムに組み込むことで、複雑な科学計算や数学計算が行えます。

▶▶▶機械学習用のライブラリ

近年のAIブームの盛り上がりと共に、様々な機械学習用のライブラリが公開されています。有名なTensorFlow（テンソルフロー）をはじめ、専門的な知識がなくても使いやすいKeras（ケラス）、TFLearn（ティーエフラーン）など、用途に応じてチョイスできるのがウレシイところです。こうした多種多様な機械学習ライブラリが公開されたことで、いまやPythonはAI開発における定番の言語となりました。

このほかにも画像処理専用のライブラリやデータベースを利用するためのライブラリなど、数多くのライブラリが公開されていて、誰でも無料でダウンロードして使うことができます。ライブラリがたくさんある、ということは「いろんな種類のアプリが容易に作れる」ことになるので、こうしたこともPythonが人気を集める要因になっています。

01 はじめよう！
プログラミング

02 プログラムの
材料

03 処理の流れを
作ろう

04 いろんなデータ
を操作する

05 プログラムの
値を操作する

06 インターネットに
アクセスしよう

07 プログラムを
GUIで化させる

資料

Pythonはプログラミングの学習にうってつけ！

いろいろなプログラミング言語がある中で「プログラミングを学ぶのならPython」といわれています。アメリカの工科系の有名大学でもプログラミングの学習や研究にPythonが使われているそうです。

Pythonが褒められる2つの理由

「Pythonは学習に最適だ」といわれるのは、主に次の理由によります。

▶ シンプルな言語体系

- ・ソースコードは、きっちりインデント（字下げ）して書く決まりがあるので、誰が書いてもコード全体の構造がわかりやすい。
- ・面倒な手続きが少なく、他の言語と比較して記述するコードの量が少なくて済む。

▶ 学習コストが低い

- ・文法が平易なので直感的に理解しやすい。
- ・言語独自の難しい言い回しが少ないので、用語に振り回されることがない。

　ざっとこんな感じです。やっぱり、書くべきコードの量が少ない、というのは魅力的です。Pythonなら10行程度で済むところが、同じことをJavaで書くと倍の20行、さらにC言語で同じことを書くと40行を超える場合もあります。

▶▶「プログラマーの頭」になるための近道

　「Pythonは学習に最適だ」とばかり言っていると、何だか初心者のための学習用言語のようにも思えてしまいますが、これまでにお話ししたようにPythonは強力な言語です。メジャーで大規模なネット上のサービスでPythonが使われているように「エキスパートたちが選ぶ」言語でもあります。

　「本筋とは関係がない煩雑な手続きをなくす」ことで、Pythonのシンプルなコードが実現されています。面倒なことは書かなくて済むので、プログラムが組み立てやすくなります。「プログラミングの本質」に集中することができるので、そのぶん早くプログラミングスキルが身に付きます。このことに期待しつつ、本書を読み進めてもらえればと思います。

Section 05 Anacondaをインストールして開発環境を用意する

Pythonには、「IDLE」という標準の開発ツールが用意されていますが、
Pythonの統合型のディストリビューション「Anaconda（アナコンダ）」
に含まれる「Jupyter Notebook」や「Spyder」と呼ばれる開発ツール
を利用するのがPythonプログラミングの定番です。

おいしいアプリが1本にまとめられた「Anaconda」

Anacondaは、Anaconda, Inc.が開発、配布（無料です）しているPythonディストリ
ビューションです。何か物々しい言い回しですが、Pythonのライブラリ管理、開発のため
のツール（IDE）をひとつの「配布型パッケージ」としてまとめ上げたのがAnacondaで
す。この本では、Anacondaに含まれる以下のツールを使ってプログラミングの学習を行
います。

▶▶ Anaconda Navigator

Anacondaに含まれるツールを起動する「ランチャー」としての機能と、開発目的ごとに
「仮想環境」を作成し、ライブラリを管理する機能を搭載しています。

▼Anaconda Navigatorのランチャー画面

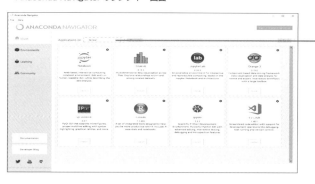

選択した仮想環境上で
ツールが起動する

▶▶ Jupyter Notebook (ジュピター・ノートブック)

Pythonの統合開発環境 (IDE) です。ブラウザー上で動作するWebアプリケーションなので、プログラムの実行結果やグラフの描画などのビジュアル面が充実していて、プログラムを書いたらすぐその下に結果が出力されるのが最大の特徴です。プログラミングの学習はもちろん、ディープラーニングなどの何度も試行錯誤が必要なプログラムの開発では定番のツールです。

▼Jupyter Notebookの画面

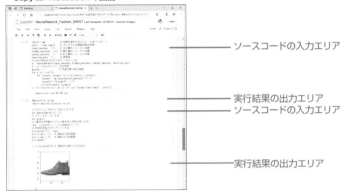

ソースコードの入力エリア

実行結果の出力エリア
ソースコードの入力エリア

実行結果の出力エリア

▶▶ Spyder (スパイダー)

Pythonの統合開発環境 (IDE) です。ソースコードの入力画面と実行結果が出力される画面のほかに、変数の値やソースファイルが含まれるディレクトリを表示する画面など、プログラミングに便利な各種の画面が表示されます。ソースファイル (モジュール) 単位で開発が行えるので、アプリケーションの開発で多く利用されています。

▼Spyderの画面

変数に保持されている値が
表示される画面

ソースコードを入力する画面

現在のファイル構造が
表示される画面

プログラムの実行結果が
表示される画面

Anacondaのダウンロードとインストール

　Anacondaのダウンロードは、「Anaconda」のサイトのダウンロードページから行います。さっそく、ダウンロードしてインストールしてみましょう。以下、まずWindowsの場合について説明します。

「https://www.anaconda.com/products/individual」にアクセスして、**Download**をクリックします。

Python 3.7の**64-Bit Graphical Installer**…をクリックし、ブラウザーの指示に従って実行します。

インストーラーが起動するので**Next**ボタンをクリックします。

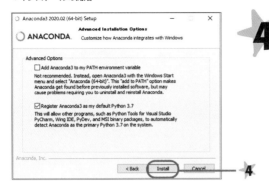

使用許諾を確認して**I Agree**を
クリック➡使用するユーザーとし
て**Just Me**、または**All Users**
のどちらかを選択➡**Next**ボタ
ンをクリック➡インストール先
を確認して**Next**ボタンをク
リック、と進めていくとオプショ
ンの選択画面が表示されます。
**Register Anaconda as my
default Python 3.x**のみに
チェックを入れて**Install**ボタン
をクリックします。

　インストールが完了すると**Completed**と表示されるので**Next**ボタンをクリックし、
Finishボタンをクリックしてインストーラーを終了してください。

▶▶ macOSの場合

　macOSの場合は、「Anaconda」のダウンロードページ（https://www.anaconda.
com/products/individual）で**MacOS**のPython 3.7の**64-Bit Graphical
Installer**…をクリックしてダウンロードを開始します。ダウンロードされたpkgファイル
をダブルクリックするとインストーラーが起動するので、画面の指示に従ってインストー
ルを完了してください。

仮想環境を構築して Jupyter Notebook をインストールしよう

「仮想環境」とは、Pythonで開発するための環境のことで、任意の名前の仮想環境を作って、そこにPython本体やその他の必要なライブラリをインストールして開発を行います。目的に応じて必要なライブラリのみをインストールするので、クリーンな状態で開発が行え、ライブラリのアップデートなどのメンテナンスもラクです。

好きな名前を付けて仮想環境を構築しよう

Python本体はもちろん、Python標準の開発ツールであるIDLEをはじめ、Jupyter NotebookやSpyderも最初から仮想環境上で動作するように設計されています。そういうこともあって、「base」という名前の仮想環境がデフォルトで用意されていますが、ここでは、この本で学習するための専用の仮想環境を用意することにします。

仮想環境の作成は、Anacondaに付属しているAnaconda Navigatorで行います。Windowsの場合は**スタート**メニューの**Anaconda3**のサブメニューにアイコンがあるので、それをクリックすれば起動できます。

▼仮想環境の作成

Anaconda Navigatorを起動し、画面左側の**Environments**タブをクリックして、画面下の**Create**ボタンをクリックします。すると**Create new environment**ダイアログが起動するので、仮想環境名を入力し、**Python**がチェックされて最新のバージョンが選択されているのを確認した後、**Create**ボタンをクリックします。

しばらくすると、仮想環境が作成されます。以降は、作成した仮想環境上でAnacondaのツール群を動作させることにします。

Jupyter Notebookを仮想環境にインストールする

Jupyter Notebookは、デフォルトの仮想環境には事前にインストールされていますが、独自に仮想環境を構築した場合は、仮想環境ごとにインストールする必要があります。そうすることで、任意の仮想環境上でJupyter Notebookを起動し、開発できるようになります。

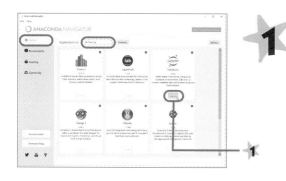

Anaconda Navigatorの**Home**タブをクリックし、**Applications on**で仮想環境を選択して、Jupyter Notebookの**Install**ボタンをクリックします。

ワンポイント インストールが完了すると**Install**ボタンが**Launch**ボタンに変わり、このボタンをクリックすることでJupyter Notebookを起動できるようになります。

Spyderを仮想環境にインストールする

SpyderもJupyter Notebookと同様にAnaconda Navigatorを使って仮想環境上にインストールします。

Anaconda Navigatorの**Home**タブをクリックし、**Applications on**で仮想環境を選択し、Spyderの**Install**ボタンをクリックします。

COLUMN インタラクティブシェルを コマンドプロンプトで実行する

Pythonには標準で**IDLE**（アイドル）と呼ばれる開発ツールが付属しています。IDLEは対話式でプログラミングが行えることから**インタラクティブシェル**と呼ばれることがあります。

Windowsの**コマンドプロンプト**やMacの**ターミナル**も、Pythonのインタラクティブシェルとして使うことができます。コマンドプロンプトの場合は「python」、Macのターミナルでは「python3」（「python」だけだと先にインストールされているPythonのバージョン2が起動するので注意）と入力するとPythonを実行するためのプログラムが起動し、インタラクティブシェルとして使用できるようになります。

「python」（Macは「python3」）と入力する

インタラクティブシェルとして使えるようになる

01
はじめよう！
プログラミング

02
プログラムの
材料

03
組み合わせて
作ろう

04
いろんなデータ
を作ろう

05
プログラムの
部品を作ろう

06
データをまとめて
コントロールしよう

07
プログラムを
コントロールしよう

資料

Section 07 Jupyter Notebookを起動してみよう

インストールが済んだらさっそく、Jupyter Notebookを起動してみましょう。ここでは、Jupyter Notebookのファイル（Notebook）を作成し、ソースコードの入力が行えるところまでをやってみることにします。

仮想環境上でJupyter Notebookを起動する

作成済みの仮想環境上でJupyter Notebookを起動します。

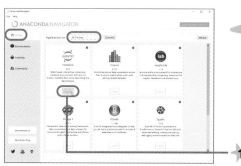

Anaconda NavigatorのHomeタブをクリックし、**Applications on**で仮想環境を選択して、Jupyter NotebookのLaunchボタンをクリックします。

▼起動直後のJupyter Notebook

選択した仮想環境上でJupyter Notebookが起動し、ホーム画面が表示されます。

　起動したときに表示されるホーム画面には、Jupyter Notebookの「ホームディレクトリ」に登録されているフォルダーの一覧が表示されていて、作成済みのソースファイル（Notebook）をここから開いたり、あるいは新規のソースファイルを作成することができるようになっています。

ホームディレクトリはユーザー用のフォルダーの直下に設定されていますので、Windowsの場合はCドライブの「Users」➡「ユーザー名」フォルダー以下のフォルダー／ファイルが一覧で表示されます。

Notebookを作成してソースコードを入力してみよう

Jupyter Notebookでは、ソースコードもプログラムの実行結果もNotebook（Notesブック）と呼ばれるファイルで管理します。Notebookの画面はとてもシンプルで、メニューやツールバーの表示領域と、ソースコードを入力する「セル」、セルに入力されたソースコードの実行結果を表示する部分で構成されます。セルは必要な数だけ用意できるので、必要なコードを書いては実行し、これを繰り返しながらプログラミングを進めていくのが基本的なやり方です。

▶▶ Notebookを保存するためのフォルダーを作成する

まずは、Notebookを保存するためのフォルダーを作成しましょう。

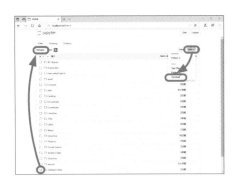

1 Jupyter Notebookのホーム画面右上にある**New**ボタンをクリックし、**Folder**を選択すると、ホームディレクトリの一覧の中に「Untitled Folder」という新規のフォルダーが作成されます。チェックボックスにチェックを入れて**Rename**ボタンをクリックし、任意の名前に変更します。

Jupyter Notebookの「ホームディレクトリ」はユーザー用フォルダー以下に設定されていますので、操作例の方法でフォルダーを作成した場合、WindowsではCドライブの「Users」➡「ユーザー名」フォルダー以下に作成されます。「マイドキュメント」や「デスクトップ」など別のフォルダーに作成したい場合は、「Documents」や「Desktop」をクリックすると対象のフォルダーが開くので、任意の場所を指定してフォルダーを作成してください。

> **注意**　間違って作成した場合など、作成したフォルダーを削除したい場合は、作成したフォルダー名の左横のチェックボックスにチェックを入れて画面上部のゴミ箱のボタンをクリックすると削除できます。

▶▶ Notebookを作成する

作成したフォルダー内に新規のNotebookを作成します。

① ホームディレクトリに作成したフォルダー名をクリックしてフォルダーを開き、**New**をクリックして**Python 3**を選択します。

▼Notebook名の設定

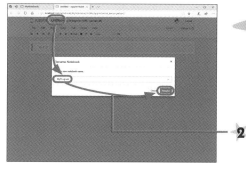

② 新しいNotebookが開くので、タイトルの「Untitled」をクリックし、任意の名前を入力して**Rename**ボタンをクリックします。

▶▶ ソースコードを入力してプログラムを実行してみよう

Jupyter NotebookのNotebookを開くと、

　「In [ ] :」

と表示されている箇所の右側に入力用の領域（セル）が表示されます。ここにソースコードを入力し、画面上部のツールバーにあるRunボタン ▶ Run をクリックするか、Shift + Enter キー（Macは shift + return キー）を押すとプログラムが実行され、セルの下部に、Out [ ]:の表示と共にプログラムの実行結果が表示されます。

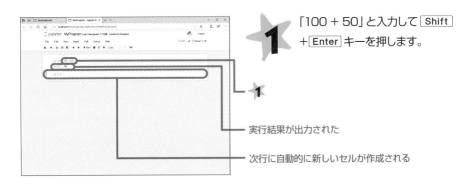

1 「100 + 50」と入力して Shift + Enter キーを押します。

実行結果が出力された

次行に自動的に新しいセルが作成される

　セルに入力したソースコードは、実行後であっても何度でも書き直すことができます。ソースコードと実行結果、つまり画面に表示されている状態をそのまま保存するにはツールバーの**Save**ボタン 💾 をクリックします。

Notebookを保存して改めて読み込んでみよう

　ソースコード、プログラムの実行結果など、現在の画面に表示されている情報をまとめて保存しましょう。

▼Notebookの保存

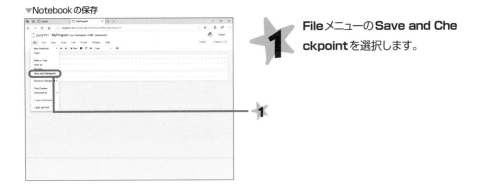

1 File メニューの**Save and Checkpoint**を選択します。

01
はじめよう！
プログラミング

02
プログラムの
材料

03
処理の流れを
作ろう

04
いろんなデータ
を作ろう

05
プログラムの
部品を作ろう

06
メンバーを持った
データを作ろう
（クラスにしよう）

07
プログラムを
GUI化しよう

資料

▶▶ Notebookを閉じてから開いてみる

保存が済んだら、**File**メニューの**Close and Halt**を選択して、いったんNotebookを閉じてから、再度開いてみましょう。

▼Notebookを閉じる

Fileメニューの**Close and Ha lt**を選択します。

注意
Jupyter Notebookでは**閉じる**ボタン☒などを使ってウィンドウを閉じるだけの操作をした場合、Notebookのウィンドウは閉じるものの、Pythonの実行環境（カーネル）やいったん実行したプログラムが、実行中のまま放置されます。ですので、通常、Notebookを閉じる際は、メニューの**Close and Halt**を選択して閉じるようにしてください。

▶▶ Notebookを開く

先ほど閉じたNotebookを再び開いてみましょう。

▼Notebookを開く

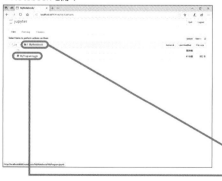

Jupyter Notebookの「ホームディレクトリ」の一覧からNotebookが保存されているフォルダーを開き、拡張子が「.jpynb」のNotebookファイルをクリックします。

Notebookが保存されているフォルダーを開く

拡張子が「.jpynb」のNotebookファイルをクリックする

ワンポイント

このあと、前回保存した状態でNotebookが開きます。

COLUMN

Jupyter Notebookの コマンド

Jupyter Notebookでよく使われる機能（コマンド）を以下にまとめておきます。

● セルの追加

Cellメニューの**Insert Cell Above**（現在のセルの上部に追加）、**Insert Cell Below**（現在のセルの下部に追加）を選択します。

● セルの削除

削除するセルにカーソルを置いた状態でツールバーの**Delete**ボタン をクリックし、表示されたメニューの中から**delete cells**を選択します。

● メモリのリセット

プログラムを実行してメモリに読み込まれたデータをすべてリセットする場合は、**Kernel**メニューの**Restart**を選択します。

● メモリのリセットと実行結果の消去

メモリに読み込まれたデータをすべてリセットし、さらに実行結果も消去する場合は、**Kernel**メニューの**Restart & Clear Output**を選択します。

● すべてのセルのソースコードをまとめて再実行する

すべてのセルのソースコードをまとめて再実行する場合は、**Kernel**メニューの**Restart & Run All**を選択します。

Section 08 Spyderことはじめ

Anacondaに含まれる、もう1つの開発ツールである「Spyder」も仮想環境にインストールしました。ここでは、作成済みの仮想環境からSpyderを起動し、ソースコードを入力して実行するまでのひととおりの作業をやってみます。

仮想環境上でSpyderを起動してソースコードを入力し、実行する

本書の中盤からは、ゲームアプリの開発を行いますが、そこでは開発ツールとしてSpyderを使用しますので、ここでひととおりの使い方を学んでおくことにしましょう。

▼Jupyter Notebook の起動

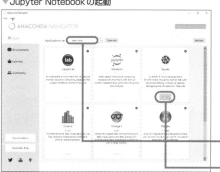

仮想環境を選択する

Spyder の [Launch] ボタンをクリックする

Anaconda Navigatorの**Home**タブをクリックし、**Applications on**で仮想環境を選択して、Spyderの**Launch**ボタンをクリックします。

ソースコードエディタ

Spyderが起動し、まっさらな状態のソースファイル（モジュール）が表示されます。

01 はじめよう！プログラミング
02 プログラムの材料
03 処理の流れを作ろう
04 いろんなデータを扱おう
05 プログラムの part を作ろう
06 インターネットにアクセスしてみよう
07 プログラムをビジュアル化しよう
資料

Spyderが起動すると、まっさらな状態のソースファイル (モジュール) が、ソースコードを入力するためのウィンドウ (エディターペイン) に表示されています。さっそくソースコードを入力して、プログラムを実行してみることにしましょう。

 エディターペインに次のように入力します。100×2の計算結果を変数numに代入し、このnumに代入された値をprint()関数でコンソールに出力するコードです。

```
num = 100*2
print(num)
```
コード

ワンポイント ソースファイルには、初期状態でコメントが入力されています。この下にソースコードを入力するか、コメントを削除してからソースコードを入力してください (コメントを削除してもまったく問題ありません)。

 ここで、いったんソースファイルを保存することにします。**ファイルメニューの保存**を選択してください。

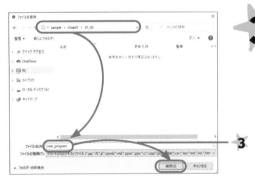

ファイルを保存ダイアログが表示されるので、ファイルの保存先を選択し、ファイル名を入力して**保存**ボタンをクリックします。

ワンポイント

ソースファイルは、拡張子が「.py」のPython形式ファイルとして保存されます。

▶▶ プログラムを実行してみる

保存が済んだらプログラムを実行してみましょう。

1 **実行**メニューの**実行**を選択（またはツールバー上の**実行ボタン**▶をクリック）します。

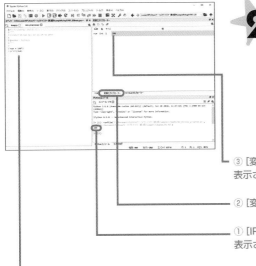

2 右下の**IPythonコンソールペイン**に、プログラムの実行結果が表示されます。右上のペイングループの**変数エクスプローラー**タブをクリックすると、変数numに格納されている値「200」が表示されているのが確認できます。

③ [変数エクスプローラー] に変数numの値が表示される

② [変数エクスプローラー] タブをクリック

① [IPythonコンソールペイン] に実行結果が表示される

入力したソースコード

いかがでしょうか。Spyderではこんなふうにコードの入力と、プログラムの実行を行います。Jupyter Notebookがセル単位でソースコードを管理し、実行するのに対し、Spyderはソースファイル単位でソースコードを管理し、実行します。このため、プログラムの規模が大きく、複数のソースファイルでコードを管理するようなときは、Spyderがとても便利なのです。

practice 練習問題
解答は306ページ

1 プログラミング言語 --- 難易度★★
プログラミング言語の形態について2つ挙げてください。

▶▶ヒント：本文21ページ参照

2 Pythonの特徴 --- 難易度★★★
Pythonがプログラミングの学習に向いているといわれる2つの理由について述べてください。

▶▶ヒント：本文25ページ参照

3 Pythonのプログラミング --------------------------------- 難易度★★
Pythonでは、何を使ってプログラミングを行うのが一般的か答えてください。

▶▶ヒント：本文26〜27ページ参照

2

Pythonプログラムの材料

　プログラムになくてはならないのは、もちろん「プログラムのソースコード」ですが、ほかにもう1つ重要なものがあります。それは「プログラムのデータ」です。この章では、プログラムで扱うデータの種類と、その扱い方について見ていきます。

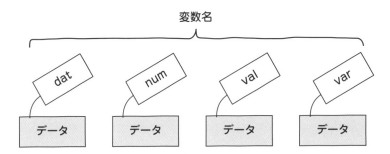

プログラムでデータを扱う
方法を知っておこう（変数）

プログラムでは数値や文字などを「データ」として扱います。この場合、
同じデータを「繰り返し利用」したり、あるいは「加工」することによって
何らかの処理を行ったりします。

データに名前を付ける

　例えば、ある人物の情報を扱う場合、「秀和太郎」という文字列や「30」という年齢を表す数値をプログラムで扱うことになります。このとき、文字列や数値をソースコードの一部としてそのまま入力しますが、このような「生のデータ」を**リテラル**と呼びます。文字列のデータは**文字列リテラル**、数値のデータは**数値リテラル**という具合です。

　ただし、プログラムですから、「秀和太郎」に「様」を付けて「秀和太郎　様」にしたり、この人は20歳以上の成人であるか調べる、といった処理を行うことがあります。ですが、リテラルとして入力したデータは、そのままでは消えてしまいます。そこで、一度入力したデータが消えないようにする仕組みとして**変数**というものを使います。

　ここから先は、Jupyter Notebook でプログラミングしますので、準備がまだの方は1章を参照して、仮想環境上へのインストールを行ってください。

▶▶ 計算結果はその場限りのもの

　例として、4年ごとに開催されるオリンピックの次の開催年を計算してみるとします。Jupyter Notebookのセルに「2020 + 4」と入力すれば、東京オリンピックの次の開催年が画面に表示されます。

▼インタラクティブシェルで計算してみる

```
IN   2020 + 4                              コードと
OUT  2024  ◀── 計算結果が表示された         実行結果
```

　ですが、せっかく計算した結果はその場で消えてしまいます。画面には「2024」と表示されているので「消える」といわれても不思議な気がしますが、たんに画面に表示されているというだけで、「2024」という数値そのものは消えてしまいます。あとで東京オリンピックの次の開催年を知りたくなったら、もう一度計算しなければなりません。

これではあんまりなので、計算結果をとっておく（一時的に保存する）ために、計算結果の数値に「名前」を付けます。名前を付けるにはイコール「=」を使います。そうすると、名前を使って計算結果を何度でも呼び出せるようになりますので、さっそくやってみましょう。

　なお、先のソースコードとその結果には、IN と OUT の表記があります。IN はセルに入力されたソースコードを示し、OUT はセルのコードを実行したときにセルの下に出力される内容を示しています。

▶▶ 計算結果に名前を付ける

```
IN    year = 2020 + 4  ◀─── 「2020 + 4」の計算結果に名前を付ける

      year  ◀─── 名前を入力してみる

OUT   2024  ◀─── 計算の結果が表示された
```
コードと実行結果

　名前を「year」としましたが、「y」でも「toshi」でも構いません。半角の英数字であれば何でも使えます（ただし1文字目を数字にすることはできない）。要は、プログラミングする人がわかりやすいものを名前にすることができます。

　ここでは、「2020 + 4」の結果である「2024」にyearという名前を付けました。yearと入力すると、yearという名前が付けられた値である「2024」が表示されました。通常ですと値を出力するためのちょっとしたコードを書かなくてはならないのですが、Notebookのセルは、名前を入力して Enter キーを押すと値を表示してくれるようになっています。

▶▶ リテラルに名前を付ける

　計算結果に名前を付けてみましたが、もちろんリテラルに直接、名前を付けることもできます。

▼リテラルに名前を付ける

```
IN    age = 30  ◀───────── 数値リテラルに名前を付ける

      name = '秀和太郎'  ◀─── 文字列リテラルに名前を付ける

      age  ◀───────────── ageという名前が付けられた値を表示してみる

OUT   30
```
コードと実行結果

IN **name** ← name という名前が付けられた値を表示してみる

OUT '秀和太郎'

数値リテラルや文字列リテラルは「生のデータ」ですから、これに名前を付けておけば、何度でも繰り返し利用できるようになります。なお、Pythonには文字列リテラルを「'」または「"」で囲む、というルールがあります。これは文字列であることを示すためのものです。

データに付けた名前を「変数」と呼ぶ

データに名前を付けておけば、名前を使って何度でも利用できることを紹介しました。ただし、「データに名前を付けたもの」は、あくまでも表現なので「データの名前」とか「名前を持ったデータ」とかいろんな言い方ができます。そこで、プログラミングの世界では、データに付けられた名前のことを**変数**という呼び方で統一しています。

▶ 変数の作り方

これまでやってきたように、データに名前を付けることで変数を作ることができます。これを「変数を定義する」という言い方をします。ここでも用語の統一です。

▶ 変数を定義する

変数 = 値または式　　　　　　　　　　　　　　書式

変数と値の間に「=」(イコール) を入れるのがポイントです。このことで値に名前が付けられます。正式には「値を代入する」という言い方をします。式 (計算式) の場合は、その結果が変数に代入されます。

▶ 変数に使える文字

変数名には、半角の英数字であれば何でも使えます。アンダースコア「_」を使うこともできます。ただし、次の3つのルールがありますので覚えておいてください。

01 はじめよう！プログラミング

02 材料 プログラムの

03 処理の流れを

04 いろんなデータを

05 プログラム語

06 インターネットを

07 プログラムを

資料

▶ 変数名のルール

・1文字目に数字を使うことはできません。

・予約語（コラム参照）を変数名にすることはできません。ただし、予約語を変数名の一部に含めることはできます。

・変数名は1つの単語なので、スペースを入れて複数の単語を変数名にすることはできません。複数の単語を使用する場合は「userName」のように続けて書くか、「user_name」のようにアンダースコアを間に入れます。

COLUMN Pythonの予約語

　予約語というのは、Pythonであらかじめ使い道が決められている文字列のことです。例えば「None」という予約語は「値が何もない」ことを示しますが、Noneという文字列には値がない、という意味が割り当てられている、つまり予約されていることからこのように呼ばれます。Pythonでは次の33の予約語が定められています。だからといって、これを全部覚える必要はありません。もし、予約語を変数名にしようとしたら開発ツールがエラーを出してくれる（ただし、状況によってはエラーが表示されない場合もあるので注意）ので、「Pythonでは変数名に使えない単語がある」ことだけを覚えておいてもらえれば大丈夫です。

▼Pythonの予約語（キーワード）

False	None	True	and	as
assert	break	class	continue	def
del	elif	else	except	finally
for	from	global	if	import
in	is	lambda	nonlocal	not
or	pass	raise	return	try
while	with	yield		

Section 02 値を書き換える

変数にセットした値は、あとから何度でも書き換えることができます。

変数の値は何度でも書き換えられる

プログラミングの「=」は、「右 (右辺) の値を左 (左辺) に代入する」という働きをします。

▼変数に値を代入する

```
(左辺)  (右辺)
age = 30
```
書式

数学のように左辺と右辺が等しいことを示すのではなく、あくまで「代入」です。なので、変数の値はあとから何度でも書き換えることができます。

▼同じ変数にいろんな値を代入してみる

```
age = 30   ← 30を代入
age
```
```
30
```
IN / OUT / コードと実行結果

```
age = 18   ← 18を再代入
age
```
```
18
```
IN / OUT / コードと実行結果

```
age = '年齢'   ← '年齢'を再代入
age
```
```
'年齢'
```
IN / OUT / コードと実行結果

▶▶▶ 変数に代入されるときのカラクリ

　先のソースコードでは、まず数値リテラルを代入し、数値リテラル➡文字列リテラルの順で代入を繰り返しましたので、最終的に変数ageには '年齢' という文字列が代入された状態になります。ここで１つ注意。代入を繰り返すということは「変数に別の値を代入する」ことを意味しますが、ageという変数があってその値が30➡18➡'年齢' と順番に入れ替えられたわけではありません。でも代入といっておきながら、これでは意味がわかりませんね。種明かしをしましょう。

○ 「age = 30」の結果

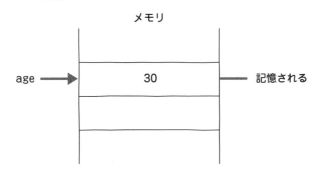

　いきなり**メモリ**が出てきました。メモリはプログラムにとって重要なコンピューター部品ですので、ここは我慢して見ていくことにしましょう。「age = 30」という変数に値を代入するコードを書くと30という値がメモリ上に記憶されます。で、ageと書けばいつでも30という値を手に入れることができます。ageという変数名は30という値に付けた名前なので、メモリに記憶されている「30」を指し示しています。これをプログラミングの用語で「参照する」といいます。変数名で値を取り出せるのは、こんな仕組みがあるからです。

　次に、ageに18という値を代入してみましょう（次ページ図参照）。

○「age ＝ 18」の結果

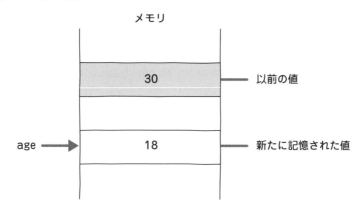

メモリ

age ━━━▶ 18 ━━━ 新たに記憶された値

30 ━━━ 以前の値

　メモリの別の場所（領域）に18という値が記憶され、ageはこれを参照するようになりました。同じ変数に代入したのですが、ageは別のメモリ領域にある18を参照するようになりました。これはageという変数が「新たに作り替えられた」ことになります。30が記憶されているメモリ領域が18に書き換えらるわけではないのですね。代入と言いつつも、Pythonでは代入を行うたびに新しいメモリ領域に値を記憶します。ポツンと残された30が気になるところではありますが、使用済みのメモリ領域として他のプログラムに明け渡す（メモリを解放する）ことになるので、いずれは消えてしまいます。

変数のコピー？

　先のように変数には何度でも新しい値を代入できますが、変数の値を別の変数にコピーすることもできます。

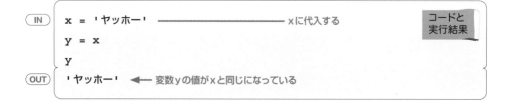

```
IN    x = 'ヤッホー' ━━━━━━━━━━ xに代入する
      y = x
      y
OUT   'ヤッホー' ◀━ 変数yの値がxと同じになっている
```

コードと
実行結果

　コピーすると言いましたが、正確な言い方ではありません。xの値がyが参照するメモリ領域にコピーされるのではなく、「xが参照しているメモリ領域をyも参照するようになる」のです。

○ 変数yにxを代入すると、xもyも同じメモリ領域を参照する

「x = 'ヤッホー'」「y = x」の結果

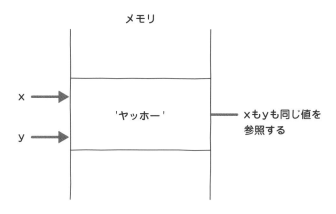

メモリ

x → 'ヤッホー' ── xもyも同じ値を
y → 参照する

　まあ、xもyも'ヤッホー'なのですから、別にメモリなんてどうでもいいわけですが、試しにyに別の値を再代入してみましょう。すると、こうなります。

▼上記の続き

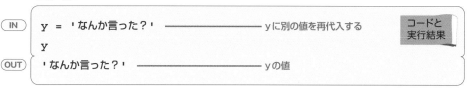

```
IN    y = 'なんか言った？'   ─── yに別の値を再代入する
      y
OUT   'なんか言った？'   ─── yの値
```
コードと実行結果

```
IN    x
OUT   'ヤッホー'   ─── xの値はもとのまま
```
コードと実行結果

　それまでxと同じ値を参照していたyは、あっさりと新しい値を参照するようになりました。「新たに値を代入すると新しい領域の値を参照するようになる」法則が働いたためです。一方、xはといえばかたくなに'ヤッホー'です。もし、法則が働かず'ヤッホー'が書き換えられたとしたらxも'なんか言った？'になるはずですが、そうはなりません。「変数を別の変数にコピー（代入）すると同じ値を参照するようになるが、どちらかの変数に別の値を代入すれば『参照先が同じ状態』が解除される」ということです。うっかりすると「yの値を変えたんだからxも変わっているはず」と考えがちですので、気を付けてください。

そもそもプログラミングの目的はデータ（値）を操作することです。ワープロソフトでは文字データ、表計算ソフトでは数値のデータ、画像処理ソフトでは画像データを扱うという具合です。

データの「用途」と「使い方」で分類する

何かの計算をして結果を画面に表示するとしましょう。そうすると計算するもとになる数値のデータ、結果を画面に表示するための文字としてのデータが必要になります。

こんな感じで、プログラミングとデータ（値）は切っても切れない関係にあるので、プログラミングでは、常に何かの値を扱うことになります。Pythonのプログラミングでは、以下の2点がポイントになります。

- Pythonのソースコードは、リテラル、予約語、識別子（変数など）、記号、()などの要素によって構成される。
- Pythonではすべてのデータを「データ型」によって区別する。

1つ目のポイントのリテラルや予約語、識別子（変数）については、前節までに紹介しました。ここでは2つ目のポイント、「データ型」についてのお話です。

▶▶Pythonのデータ型

プログラミングにおいてデータ（値）を扱う場合に、それが「どんな種類の値なのか」がとても重要になってきます。数値リテラルと文字列リテラルを足し算する、というのがおかしなことだとおわかりいただけると思います。

そこで、Pythonをはじめとするプログラミング言語の多くは、データをその種類ごとに分けて、データの使い道や使い方を定めています。このようにして分けられたデータの種類のことを総称して**データ型**と呼びます。

01 はじめよう！プログラミング

02 プログラムの材料

03 処理の流れを作ろう

04 いろんなデータを作ろう

05 プログラムの機能を作ろう

06 インターネットにアクセスしてみよう

07 プログラムをツール化しよう

資料

▼Pythonで扱うデータ型

データ型	内容	値の例
数値型（int型）	整数リテラルを扱います。	100
数値型（float型）	浮動小数点数リテラルを扱います。	3.14159
文字列型（str型）	文字列リテラルを扱います。	こんにちは、Program
ブール型（bool型）	YesとNoを表す「True」「False」の2つの値を扱います。	TrueとFalseのみ。

　こんなふうにデータ型が決められています。データの内容を見れば、それがどんなものであるのかは直感的にわかるかと思います。ブール型という見慣れない用語がありますが、これはYesとNoのように2つの値だけを持つ特殊な値で、スイッチのオンとオフのような用途で利用します。このほかにも、プログラミングに便利なデータ型がありますが、基本となるデータ型はこの4つです。

int、float、str、boolなどのデータ型は「クラス」と呼ばれるソースコードのまとまりによって定義されています。

Section 04 数値型 (int型とfloat型)

数値型には、整数リテラルを扱う**int型**（整数型）と浮動小数点数リテラルを扱う**float型**（浮動小数点数型）があります。コンピューターは、1と0の2つの値で処理を行いますが、小数を含む値は整数とは異なる処理を行います。そんなわけで整数を扱うint型と小数も扱えるfloat型に分けられています。

int型が扱える整数の範囲

最新のPythonでは、int型（整数型）で64ビットよりも大きな数値が表現できるようになっています。64ビットというと、2進数の64桁のデータになります。これを整数で表すと次の範囲の値を扱えることになります。

◯ int型で扱える整数値の範囲（64ビットで換算）

最小値	-9,223,372,036,854,775,808
最大値	9,223,372,036,854,775,807

10進数だけでなく2進数、8進数、16進数も扱える

int型は、普段使っている10進数だけでなく、コンピューターで使われる2進数、8進数、16進数も扱えます。

● 整数リテラル（10進数）の書き方

```
10  150  1000000
```

● 2進数の書き方（基数2）

先頭に「0b」または「0B」（どちらも0は数値のゼロ）を付けます。

```
0b1  0B100  0b101010
```

- **8進数の書き方（基数8）**

先頭に「Oo」または「OO」（ゼロとアルファベットのオー）を付けます。

```
Oo8  OO23  Oo10000
```

- **16進数の書き方（基数16）**

先頭に「Ox」または「OX」（どちらも0は数値のゼロ）を付けます。

```
Ox1  Ox100  OxCCB8
```

> **ワンポイント**
> コンピューターの最小の処理単位は「バイト」で、1バイトは8ビット、つまり8桁の2進数で表されるのですが、2進数の4桁がちょうど16進数の1桁になることから、コンピューターの世界では、1バイトのデータを表すのに2桁の16進数がよく用いられます。16進数は9の次をAまたはaと表し、アルファベット順にA〜Fが10進数の10〜15に対応します。

int型の値を画面に表示してみる

　Pythonのインタープリター（機械語変換ソフト）は、10進や2進などで表記された数値をもとに処理を行いますが、画面への出力は10進数で行います。Notebookで試してみましょう。

▼10進数の10

IN	`10` ←── 入力して [Enter]	コードと実行結果
OUT	`10` ←── そのまま10が表示される	

▼2進数の10

IN	`0b10`	コードと実行結果
OUT	`2` ←── 2進数の10を10進数で表すと2	

▼8進数

IN	`0o10`	コードと実行結果
OUT	`8` ←─────── 8進数の10を10進数で表すと8	

▼16進

```
IN    0x10                                           コードと
                                                      実行結果
OUT   16  ◄── 16進数の10を10進数で表すと16
```

float型

コンピューターでは、小数を含んだ値を浮動小数点数として扱います。通常の「0.00001」のような形式の値は固定小数点数と呼ばれます。どちらも小数を含む値ですが、それぞれ浮動小数点方式と固定小数点方式で表現の方法が異なります。

Pythonの小数（浮動小数点数リテラル）を扱うデータ型は、float型（浮動小数点数型）です。ただし、浮動小数点数を固定小数点数の形で表現することもできます。Notebookで試してみましょう。

▼固定小数点数方式で変数に値を代入してみる

```
IN    f = 3.14  ◄── 固定小数点方式で入力             コードと
      f                                               実行結果
OUT   3.14  ◄────── float型（浮動小数点数型）の値が固定小数点方式で出力される
```

固定小数点数の方が見た目にはわかりやすいのですが、1000兆分の1を表すには、固定小数点数では「0.000000000000001」となり、たくさんの桁が必要になります。このように小数点以下の桁数が多い場合は、浮動小数点数を使えば「1.0E－15」だけで済みます。コンピューターは桁数が少ない方が速く計算できるため、固定小数点数より浮動小数点数の方が有利なのです。

Pythonの小数を扱うデータ型は、float型（浮動小数点数型）なので、固定小数点方式で入力した値であっても、内部的に浮動小数点数として扱われます。

▶▶ float型における指数表記

float型（浮動小数点数型）では、「$\pm 1.m \times 2^n$」または「$\pm 0.m \times 2^n$」と表記できる値について、符号、仮数（mの部分）、指数（nの部分）をビットの並びとして記憶します。3.14は「314×10のマイナス2乗」、つまり「314×10^{-2}」で表すことができます。これを**浮動小数点方式**と呼びます。

仮数（123） 指数（-2） 固定小数点方式での表現

314×10 のマイナス2乗 $\Rightarrow$ 314×10^{-2} $\Rightarrow$ 3.14

▼Notebookで試してみる

| IN | `1.0e-1` ← 0.1は 1.0×10^{-1} | コードと 実行結果 |
| OUT | `0.1` | |

| IN | `1.0e-2` ← 0.01は 1.0×10^{-2} | コードと 実行結果 |
| OUT | `0.01` | |

| IN | `1.0e-4` ← 0.0001は 1.0×10^{-4} | コードと 実行結果 |
| OUT | `0.0001` | |

| IN | `f = 314e-2` ← 指数表記で値を代入 `f` | コードと 実行結果 |
| OUT | `3.14` ← 固定小数点数として出力された | |

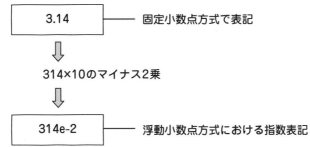

```
3.14
```
── 固定小数点方式で表記

314×10 のマイナス2乗

```
314e-2
```
── 浮動小数点方式における指数表記

Section 05 文字列型（str型）

文字列型（**str型**）は、文字列（文字列リテラル）を扱うデータ型です。

文字列リテラルの表し方

文字列リテラルは、シングルクォート「'」、またはダブルクォート「"」で囲んで記述します。

▼文字列の表記

```
'こんにちはPython'
"これは文字列です。"
```

シングルクォートとダブルクォートのどちらを使ってもよいのですが、「'I'm a programmer.'」とするとIだけが文字列リテラルと認識されてしまい、正しく扱われないので注意です。このような場合は、文字列全体をダブルクォートで囲みます。

▼Notebookで試してみる

```
IN  "I'm a programmer."   ◀── 文字列全体を"で囲む       コードと
                                                         実行結果
OUT  "I'm a programmer."   ◀── 文字列全体が正しく扱われている
```

このように、ダブルクォートで全体を囲むと文字列内にシングルクォートを入れることができ、逆にシングルクォートで全体を囲むと文字列内にダブルクォートを入れることができます。

01 はじめよう！プログラミング
02 プログラムの材料
03 機能のまとまり
04 いろんなデータを実行してみよう
05 プログラムの流れを追おう
06 メソッドでデータの流れをまとめよう
07 プログラムを作ってみよう
資料

トリプルクォートで囲むと改行できる

テキストをシングルクォートまたはダブルクォート3つ（トリプルクォートと呼びます）で囲むと、途中で改行している文字列がそのままの状態で扱われます。

▼トリプルクォートで囲んで改行を含めてみる

```
IN   '''aaa
     bbb
     ccc'''  ◀── ここまでが入力範囲
OUT  'aaa¥nbbb¥nccc'
```

コードと実行結果

言ってることと違いますね。改行すべきところに **¥n** という変な文字が入っています。これは、プログラム内部で改行を扱うための記号なのですが、Notebookでは、改行記号がそのまま出力されるようになっています。

文字列を「ありのままに出力」するためのprint()

次のように入力すると、ちゃんと改行された状態で表示されます。

▼print()で文字列を出力する

```
IN   str = '''今日の予定  ◀── strという変数に3行ぶんの
     掃除                    文字列を登録する
     洗濯'''
     print(str)  ◀── print()でstrの中身を出力
OUT  今日の予定
     掃除
     洗濯
```

コードと実行結果

いきなり **print()** というものが出てきましたが、printは文字列を画面に出力するための識別子です。printという識別子があって、末尾の( )の中に文字列リテラル、または文字列リテラルがセットされた変数名を書くと、文字列リテラルを表示してくれます。print(str)と書けば、文字列を囲んでいたクォートが取り除かれると同時に、¥nではなく、ちゃんと改行されて出力されます。文字列を「ありのままに出力してくれる」というわけです。print()は便利な機能なので、このあとも頻繁に登場します。

「真」と「偽」の２つを表したり、「存在しない」ことを表す（bool型とNone）

「２つのデータは等しいか」とか「そのデータはもう一方のデータよりも大きいか」のように、データ同士を比較することがよくあります。また「そのデータは本当に存在するのか」のように、データの存在そのものを調べなければならない場合もあります。

真偽リテラルのためのbool型

True（真）と**False**（偽）という一風変わったリテラルがあります。一見、文字列リテラルの'True'と'False'にも見えますが、クォート記号で囲んでいないので文字列ではありません。**真偽リテラル**と呼ばれる特殊なリテラルです。値はTrueとFalseの２つだけで、これらは「bool（ブール）型」というデータ型で扱われます。

これが何のためのものなのかというと、値が存在するかを調べたり、２つの値を比較したりするときに使うものです。例えば、左辺の数値が右辺の数値よりも大きいかを調べる「＞」という記号（正確には演算子）がありますが、これを使って実験してみましょう。

▼左側の数値が右側の数値よりも大きいか

```
10 > 1    ← 10は1よりも大きい
```
```
True
```
IN / OUT

コードと
実行結果

```
10 < 1    ← 記号を逆向きにしてみる（10は1よりも小さい）
```
```
False
```
IN / OUT

コードと
実行結果

10は1よりも大きいので、「10 ＞ 1」に対してTrue（真）が表示されました。内部的には真偽リテラルのTrueとFalseが扱われていますが、これが便宜的にTrue、Falseという文字列になって表示されます。

01 はじめる！プログラミング

02 材料 プログラムの

03 処理の流れを 作ろう

04 いろんなデータを 参照しよう

05 プログラムの 機能を作ろう

06 インターネットに つなげてみよう

07 プログラムを 使いやすくしよう

資料

空の値はFalseと見なされる

数値の0とか、文字列の""つまり文字列リテラルを示しているにもかかわらず中身の文字が何もないような場合は「空の値」として扱われます。Pythonは、このような空の値を「Falseである」と判断します。次の表の中にリストやタプル、辞書、集合といったものがありますが、これらはデータ型の一種です。

▼Falseと見なされるもの

Falseになる要素	プログラム上の表現
整数のゼロ	0
浮動小数点数のゼロ	0.0
空の文字列	''
空のリスト	[]
空のタプル	()
空の辞書	{}
空の集合	set()
値が存在しない	None ◄── これは値が空ではなく値そのものが存在しないことを示すキーワード（予約語）

「>」などで左辺と右辺を比較する以外に、「0」そのものもFalseになるというわけです。一方、これとは逆に値が空である場合にTrueを返す記号（演算子）としてnotがあります。「not x」と書くと、xがFalseだとTrueが返ってきます。

「データそのものが存在しない」はNone

空の値は、0とか""のことでした。一方、プログラムの処理の中で「(空の)値そのものが存在しない」ということがあります。ちょっとわかりにくいのですが、例えばどこからかデータを読み込んだら何も読み込めなかった場合を考えてみましょう。それが「読み込んだ結果中身が空だった」と「読み込みが行われなかったので、そもそも値自体が存在しない」という2つのパターンがあります。前者はbool型のFalseで、後者がNoneです。

何もないことを示す特殊なリテラル「None」

Noneは、何も存在しないことを示すリテラルです。リテラルなので変数に代入することもできます。

▼Noneを変数に代入してみる

```
IN    x = None   ◀──── xにNoneをセット          コードと
      x is None  ◀──── xはNoneであるか?        実行結果
OUT   True       ◀──── xはNoneである
```

変数xにNoneを代入して意図的にNoneという状態を作り出しました。次の行でxが
Noneなのかを調べています。**is**はPythonの予約語で、左側の要素と右側の要素が同じ
であればTrue、違うのであればFalseを応答として返す働きをします。結果として、xは
NoneなのでTrueが表示されました。実際のプログラミングでも、このようにしてデータ
が存在するかどうかをNoneを使って調べます。

COLUMN データではない文字列（コメント）

　プログラミングをしている最中はよいのですが、プログラミングを終え、出
来上がったソースコードを見たときに「はて、このコードは何のためのもの
だ?」となっては困ります。そこで、Pythonでは、ソースコードの中に「メモ
書き」を残しておけるようになっています。#（シャープ）を行のはじめに書け
ば、その行はソースコードではないものとして扱われるようになります。これ
を**コメント**と呼びます。先に紹介したトリプルクォートで囲んでコメントにす
ることもできます。

▼Notebookのセルにコメントを書いてみる

```
IN    # ソースコードとして見なされないので、何でも書けます。   コードと
                                                        実行結果
OUT   ◀──── 何も起こらない
```

　Notebookのセルに入力して実行しても何も起こらないように、ソースファ
イル（モジュール）に入力して実行した場合も、同じようにコメントの部分は
ソースコードではないものとして無視されます。

変数で計算して いろんな答えを出して みよう(算術演算子)

+や−などの計算に使う記号を使って、足し算や引き算を行うことができます。＝もそうですが、変数に値をセットしたり、計算を行う記号のことをまとめて**演算子**と呼びます。

計算を行うための算術演算子

　コンピューターの世界では、計算をはじめとするあらゆる処理をひっくるめて**演算**という言い方をします。コンピューターの中枢部品であるCPUが「中央演算処理装置」を表すことから、処理全般を指して演算と呼んでいます。

　さて、冒頭で足し算や引き算を行う記号のことを「演算子」と呼ぶとお話ししましたが、演算を行うための識別子なので演算子というわけです。これからお話しする足し算や引き算、掛け算、割り算などの計算を行う演算子は**算術演算子**と呼ばれます。

　まずは、Pythonで使用する算術演算子の一覧を見てみましょう。

▼算術演算子の種類

演算子	機能	使用例	説明
＋(単項プラス演算子)	正の数	+a	正の数を指定する。数字の前に＋を追加しても符号は変わらない。
−(単項マイナス演算子)	符号反転	−a	aの値の符号を反転する。
＋	足し算 (加算)	a + b	aにbを加える
−	引き算 (減算)	a − b	aからbを引く
*	掛け算 (乗算)	a * b	aにbを掛ける
/	割り算 (除算)	a / b	aをbで割る
//	整数の割り算 (除算)	a // b	aをbで割った結果から小数部を切り捨てる
%	剰余	a % b	aをbで割った余りを求める
**	べき乗 (指数)	a**b	aのb乗を求める

▶▶ 足し算、引き算、掛け算

足し算と引き算は計算記号そのままですが、掛け算はアスタリスク (*) です。次の例では数値と演算子の間にスペースを入れてありますが、たんに読みやすくするためのものですので、必ずしも入れる必要はありません。ですが、慣用的に＋と－の場合は両側にスペースを入れ、それ以外の*や/の場合はスペースを入れない、という書き方が使われます。計算の優先順位がわかりやすくなるためです。

▼足し算、引き算、掛け算

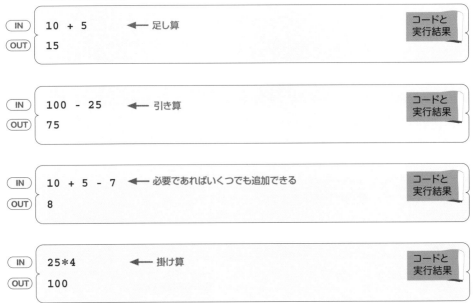

IN	`10 + 5` ◀── 足し算
OUT	`15`

IN	`100 - 25` ◀── 引き算
OUT	`75`

IN	`10 + 5 - 7` ◀── 必要であればいくつでも追加できる
OUT	`8`

IN	`25*4` ◀── 掛け算
OUT	`100`

▶▶ 割り算と割った余り

割り算には、2つのバージョンがあります。

「/」……普通の割り算ですが、浮動小数点数の除算を行うので、小数以下の値まで求めます。

「//」……整数のみの割り算を行います。割り切れなかった値は切り捨てられます。

▼2つのバージョンの除算と剰余

IN	`4/2` ◀──── 浮動小数点数の除算
OUT	`2.0` ◀──── 小数点以下も表示される

```
IN    7/5
OUT   1.4
```
コードと実行結果

```
IN    7//5    ←──── 整数のみの除算
OUT   1       ←──── 割った余りは切り捨てられる
```
コードと実行結果

%演算子は、割った（除算した）余りを求めます。値が割り切れたのか、割り切れなかったのかを知りたい場合に使います。調べたい値を2で割って、余りが0なら偶数、余りが1なら奇数として判定する、といった使い方ができます。

あと、ゼロで割ろうとすると**ゼロ除算**という現象が起こるのでエラーになります。

```
IN    7 % 2    ←──── 剰余を求める
OUT   1        ←──── 割った余り
```
コードと実行結果

▼ゼロ除算

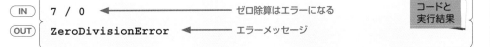

```
IN    7 / 0             ←──── ゼロ除算はエラーになる
OUT   ZeroDivisionError ←──── エラーメッセージ
```
コードと実行結果

変数を使って演算してみる

変数に整数リテラルをセットし、これを使って演算してみましょう。

▼変数を使用した演算

```
IN    a = 10    ←──── 変数aに10を代入
      a - 6     ←──── aから6を減算
OUT   4
```
コードと実行結果

```
IN    a       ←──── aの値を表示する
OUT   10      ←──── aの値は変わらない
```
コードと実行結果

演算結果を、=を使って変数に代入することができます。「n = 8 / 2」とすればnに「4」が代入されます。次のようにすると、変数に代入されている値そのものを変えることができます。これを「再代入」と呼びます。

▼演算結果を変数に代入する

```
IN    a = 10          ←──────────── 変数aに10を代入
      a = a - 6       ←──────────── a−6の結果がaに再代入される
      a
OUT   4               ←──────────── 演算結果が再代入されている
```
コードと
実行結果

単項プラス演算子（＋）、単項マイナス演算子（−）

単項プラス／マイナス演算子は、**単項演算子**なので「+2」や「-2」のように演算の対象は１つです。**単項プラス演算子**の場合、「+2」は「2」と同じことになります。

これに対し、**単項マイナス演算子**は、「符号を反転する」処理を行います。「-2」は当然-2ですが、「-(+2)」とした場合は( )の中の+2の符号を反転して「-2」にします。「y=2」の場合、「x=-y」とするとyの値の符号が反転するので、xには「-2」が代入されます。

▼単項プラス／マイナス演算子を使う

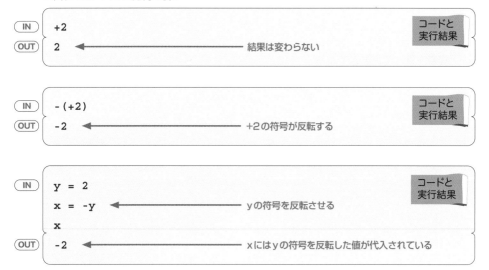

```
IN    +2
OUT   2               ←──────────── 結果は変わらない
```
コードと
実行結果

```
IN    - (+2)
OUT   -2              ←──────────── +2の符号が反転する
```
コードと
実行結果

```
IN    y = 2
      x = -y          ←──────────── yの符号を反転させる
      x
OUT   -2              ←──────────── xにはyの符号を反転した値が代入されている
```
コードと
実行結果

01 はじめよう！
プログラミング

02 プログラムの
材料

03 処理の流れを
作ろう

04 いろいろなデータを
扱ってみよう

05 プログラムの
部品を作ろう

06 バンチを使った
プログラム

07 プログラムを
グローバルに

資料

Section 08 値を入れよう（代入演算子）

数学の「＝」は左辺と右辺が等しいことを示しますが、プログラミングにおける「＝」は右辺の値を左辺に「代入する」という働きをします。代入を行う演算子には、「＝」のほかに「＝」と算術演算子を組み合わせた複合代入演算子があります。

代入演算子による値の代入

代入演算子は、指定した値を変数に代入するために使うので、左辺（＝の左側）は常に変数であることが必要です。

▼代入演算子

演算子	内容	使用例	変数xの値
=	右辺の値を左辺に代入する。	x = 5	5

▶ **代入式の書き方**

変数名　＝　値または式　　　　　　　　　　　　　　　　　　書式

▶▶ 再代入

演算結果を再代入するには、左辺の変数が右辺の式に含まれていることが必要です。また、再代入なので変数にあらかじめ何らかの値が代入されていなければなりません。変数の中身がないと演算が不可能になるからです。

▼再代入

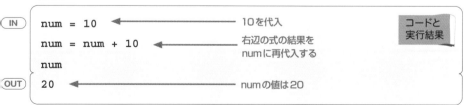

```
IN   num = 10                    ← 10を代入
     num = num + 10              ← 右辺の式の結果を
                                    numに再代入する
     num
OUT  20                          ← numの値は20
```

コードと実行結果

複合代入演算子を使ってシンプルに書く

再代入は、**複合代入演算子**を使うことでシンプルに書くことができます。

▼複合代入演算子を使って再代入する

```
a = 15
b = 5
a += b
a
```
```
20
```

コードと実行結果

「a += b」は「a = a + b」と同じ意味になります。また、次のように「a += b + c」と書くと+=の右辺の式の結果がaに加算されます。「a = a + b + c」と同じ意味です。

▼再代入

```
a = 10
b = 20
c = 30
a += b + c      ← aの値にb + cの結果を加算する
a
```
```
60
```

コードと実行結果

```
b
```
```
20
```

コードと実行結果

```
c
```
```
30
```

コードと実行結果

01 はじめよう！プログラミング

02 プログラムの材料

03 処理の流れを作ろう

04 いろんなデータを使ってみよう

05 プログラムの部品を作ろう

06 インターネットにアクセスしてみよう

07 プログラムをリリースしよう

資料

▶▶ Pythonで使える複合代入演算子

複合代入演算子には、+=、−=、*=、/=、%=、**=があります。

▼複合代入演算子の働き

演算子	内容
+=	左辺の値に右辺の値を加算して左辺に代入します。
−=	左辺の値から右辺の値を減算して左辺に代入します。
*=	左辺の値に右辺の値を乗算して左辺に代入します。
/=	左辺の値を右辺の値で除算して左辺に代入します。
//=	左辺の値を右辺の値で整数のみの除算をして左辺に代入します。
%=	左辺の値を右辺の値で除算した結果の剰余を左辺に代入します。
**=	左辺の値を右辺の値でべき乗した結果を左辺に代入します。

▼複合代入演算子による簡略表記

複合代入演算子を使った表記	
a += b	a = a + b
a −= b	a = a − b
a *= b	a = a * b
a /= b	a = a / b
a //= b	a = a // b
a %= b	a = a % b
a **= b	a = a ** b

複合代入演算子は代入演算子（＝）と算術演算子がセットになっているから、代入と演算をまとめて行うことができるんです。

多重代入

代入演算子は、「a ＝ b ＝ c」のように続けて書くことができます。これを**多重代入**と呼びます。代入演算子は右結合（右側の値から順に代入）なので、「a ＝ b ＝ c」ではa、b、cの値はすべてcの値になります。

▼多重代入

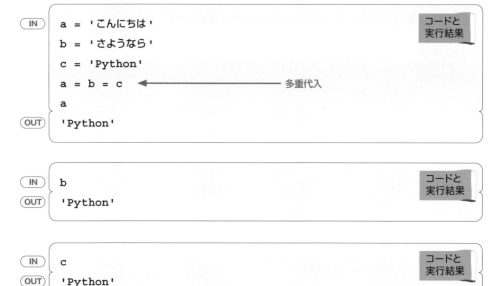

```
IN    a = 'こんにちは'
      b = 'さようなら'
      c = 'Python'
      a = b = c          ← 多重代入
      a
OUT   'Python'
```
コードと
実行結果

```
IN    b
OUT   'Python'
```
コードと
実行結果

```
IN    c
OUT   'Python'
```
コードと
実行結果

最初からすべての値を同じにするのであれば次のように書けば OK です。

▼多重代入

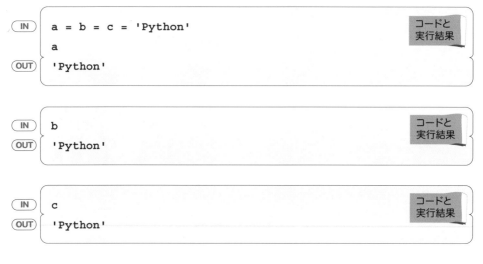

```
IN    a = b = c = 'Python'
      a
OUT   'Python'
```
コードと
実行結果

```
IN    b
OUT   'Python'
```
コードと
実行結果

```
IN    c
OUT   'Python'
```
コードと
実行結果

「標準体重計算プログラム」を作ろう

演算子についていろいろと見てきたので、何かプログラムを作ってみることにしましょう。BMI（体格指数）という指数を利用すると身長に対する標準的な体重を求めることができるので、身長を入力したら標準体重を答えるようにしてみましょう。

あなたの標準体重は？

BMI（Body Mass Index）は「体格指数」と呼ばれ、標準的な体重を求める指数として利用されています。BMIの基準値は「22」なので次の式で標準体重がわかります。

○ 標準体重の計算

$$標準体重 = BMI × (身長〔m〕)^2$$

ソースコードの入力

新規のNotebookを作成して、次のコードを上から順に入力していきましょう。

▼標準体重を求めるプログラム

```
height = int(input('身長 (cm) は？＞'))    ──① 　　　　コード
bmi = 22    ──②
weight = bmi*(height/100)**2    ──③
print(str(weight) + 'kgです。')    ──④
input('何かキーを押してください')    ──⑤
```

①のソースコードから順番に見ていきましょう。

▼①のソースコード

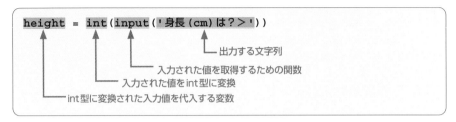

　実は、この1行目のソースコードが一番やっかいです。こんなことを言って申し訳ないのですが、一度に3つのことをやっているためです。

- ・入力された文字列を取得する。
- ・取得した文字列をint型に変換する。
- ・変換したint型のデータを変数に代入する。

● 1つ目の処理

　まずは1つ目の処理からいきましょう。プログラムの実行環境であるJupyter NotebookのNotebook、あるいはWindowsのコンソールやMacのターミナルで入力されたデータ (文字列) は、input()という関数を使うと取得できます。

　関数というのは一種の「命令 (コマンド)」のようなもので、その実体は「ある処理を行うためのソースコードのまとまり」です。input()と書けば、Pythonに搭載されているinput()関数のソースコードが呼び出されて (実行されて) 処理が行われるというわけです。変数はデータを格納するためのものですが、関数はデータの処理を行うコードを格納しておくためのもの、と考えるとよいかと思います。

関数　input()

　コンソールなどのプログラムの実行環境で入力された文字列を取得します。

書式	input(プロンプトとして表示する文字列)

　関数を利用するときは、関数名のあとに必ず()を付けます。このカッコは関数に送るデータを書くためのものです。関数には、たんに何かの処理を行うものと、何かのデータを受け

取ってから処理を行うものがあります。input()関数は後者です。()の中に文字列を書いておくと、**input()関数**はこの文字列を入力を促すプロンプトとして表示します。

input('身長(cm)は？＞')　➡　「身長(cm)は？＞」がプロンプトの文字列として表示されて入力待ちの状態になる

● 2つ目の処理

2つ目の処理は、データ型の変換です。画面で入力されたものは数値も含めてすべて文字列型（str）になります。ですが、文字列型のままではこのあとBMIの計算ができません。そこで、数値型に「変換する」必要があります。Pythonにはデータ型を相互に変換する関数がいろいろと用意されています。**int()関数**もその1つです。

関数　int()

int型以外のデータ型をint型に変換します。

書式	int(int型に変換したいデータ)

int('100')と書けば文字列としての「100」を数値のint型に変換してくれるので、次のように書けばOKです。

```
num = input('身長(cm)は？＞')    ◀── 入力された文字列を変数numに代入する
height = int(num)  ◀── 文字列をint型に変換して変数heightに代入する
```

input()もint()もそれぞれ処理した結果をプログラム側に返してくれます。これを**戻り値**と呼ぶのですが、戻り値が返されるだけでは宙ぶらりんの状態なので、変数を用意してこれに代入します。こうすることで「戻り値を確保」するというわけです。

一方、先に入力したソースコードは次のようになっています。

```
int(input('身長(cm)は？＞'))
        ▲___ プロンプトを表示して入力されたデータを
             文字列として取得する
```

input()関数を呼び出すコードをまるごとint()関数のカッコの中に入れました。そうすると、プロンプトを表示して取得した文字列がint()関数に送られ（渡され）ます。つまり、int()関数のカッコの中に直接、変換したい文字列を書いたのと同じことになります。こうすればinput()関数の戻り値のための変数を用意しなくても済みますし、2行のコードを1行で書くことができます。かえって面倒くさいようにも思えますが、プログラムはできるだけ「効率的かつシンプルに書く」というのがセオリーなのです。

● 3つ目の処理

3つ目となる最後の処理は、int型に変換された値の変数への代入です。int()関数はint型に変換したデータを戻り値として返しますから、「=」を使って変数に代入します。

▶▶ ②と③の処理

②と③のところで、標準体重の計算を行います。

```
bmi = 22  ───────── BMIの基準値「22」を変数に代入する
weight = bmi*(height/100)**2  ─── 標準体重を計算して
                                   変数に代入する
```

あらかじめ、基準値の「22」を変数に代入しています。こんなことをせずに直接、計算式に書けばよいのですが、基準値のような「あらかじめ値が決まっているものは変数に代入しておく」のが鉄則です。なぜかというと、このような値はプログラムで繰り返し使うことが多いので、その都度入力しているとミスする可能性があるためです。さらに「値を変更しなければならなくなった」という場合、ソースコードの中のすべての値を書き換えなくてはなりませんが、変数に代入しておけば、代入する値の書き換えだけで済みます。

● 先に計算したいところは( )で囲む

さて、計算の部分です。入力された身長はセンチ単位なので、これを100で割ってメートルに換算します。この部分を( )で囲んでいるのは、「height/100」の計算を先に行うためです。このようにカッコで囲むことで、「bmi*height」や「100**2」ではなく、先にカッコの中身が計算されるようになります。

④では、計算した標準体重を画面に出力します。Notebookでは、変数名を書いて
[Enter]キーを押せば変数の値が表示されますが、今回は単体のプログラムとして実行でき
るようにしたいので、変数の値を画面に出力してくれる関数を使うことにします。それが
print()関数です。

関数　print()

指定された文字列をコンソールやターミナルの画面に出力します。Notebookでは、セ
ルの直下の出力エリアに出力が行われます。

書式　　　print(出力する文字列)

画面には文字列として出力しますので、関数に渡すのはstr型のデータです。でも、変数
weightのデータはstr型ではありません。計算した結果は小数を含む値になるので、float
型になっているはずです。このままではエラーになってしまうので、ここでもデータ型の変
換です。

関数　str()

str型以外のデータ型をstr型に変換します。

書式　　　str(str型に変換したいデータ)

str()関数でstr型に変換すれば、小数を含む数値がそのまま文字列として出力されます。
あと、「str(weight) + 'kgです。'」のように'kgです。'が追加されていますが、これは
「68.5kgです。」のように出力するためです。「+」という演算子は、足し算を行うほかに「文
字列と文字列を連結する」という機能も持っています。数値同士で+を使えば足し算、文字
列同士で+を使えば文字列の連結、というようにそのときの状況で異なる処理を自動で
行ってくれます。

ここでもprint()関数のカッコの中に、str型の変換と文字列の連結がまとめて書かれて
います。あらかじめ出力する文字列を作っておいてからprint()関数を使ってもよいのです
が、print()関数はカッコの中がstr型であればそのまま出力してくれますので、1行で済ま
せました。

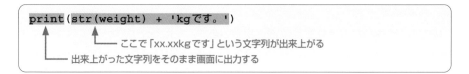

```
print(str(weight) + 'kgです。')
```

└──── ここで「xx.xxkgです」という文字列が出来上がる

└──── 出来上がった文字列をそのまま画面に出力する

▶▶ ⑤の処理

⑤では再びinput()関数を使って画面からの入力を受け取るようにしています。本来なら必要がないコードですが、プログラムをモジュールに保存して、コンソールやターミナルで直接実行した場合、計算結果を出力した段階でプログラムの終了と判断され、画面が閉じてしまいます。そのような場合を考慮して、とりあえず何か入力されるまでは画面が閉じないようにする処理を加えました。

```
input('何かキーを押してください')
```

── 何かキーが押されたら input()関数の処理が完了

──▶ これ以上ソースコードがないのでプログラムが終了する

Notebookではプログラムが終了しても画面は閉じないので、⑤のコードを書かなくても大丈夫だよ。

01 はじめよう！プログラミング

02 プログラムの材料

03 動きの流れを作ろう

04 いろんなデータを作ろう

05 プログラムの動きを変えよう

06 データをまとめて扱おう

07 プログラムをGUI化しよう

資料

▶▶ プログラムを実行してみよう

セルに入力したソースコードを実行してみましょう。

[Run]ボタンをクリック

身長をセンチ単位で入力して[Enter]キーを押す

1 ソースコードが入力されているセル内にカーソルを置き、**Run**ボタンをクリック（または**Shift+Enter**キーを押す）すると、セル下の出力エリアに「身長（cm）は？>」と表示されるので、入力欄に身長をセンチ単位で入力して**Enter**キーを押しましょう。

標準体重が表示される

何かキーを押すと押したキーが[Out:]に出力され、プログラムが終了する

2 標準体重が表示されます。何かキーを押すとプログラムが終了します。

1 プログラムのデータ ----------------------------- 難易度★★

プログラムでは、データをどのようにして扱うのかを答えてください。

▶▶ヒント：本文46〜47ページ参照

2 データ型 ----------------------------------- 難易度★★

データ型には、どのようなものがあるのか、2つ以上答えてください。

▶▶ヒント：本文52〜53ページ参照

3 演算子 ------------------------------------- 難易度★★★

演算子の働きについて述べてください。

▶▶ヒント：本文63〜67ページ参照

Chapter 3

Pythonの「道具」を使って処理の流れを作ろう

　この章では、「プログラムの流れを制御する」方法を学んでいきます。

　「プログラムの制御」というと、とたんにムズカシゲな雰囲気が漂い始めますが、決してそうではありません。ソースコードというものは上の行から下に向かって順番に実行されていくものですが、実行される順番を変えてみようというだけです。

　プログラムらしいものを作りたい、と考えたときに上の行から「あくまで順番に」処理を行う「書いたとおりにしか動かない」プログラムではものたりません。「こんなときは○○の処理をやって、そうでないときは××の処理をする」、なんてことができたら、「これぞプログラム！」と叫びたくなりませんか？

　もちろん、そういうことができる仕組み（というか文法）がPythonにはちゃんと用意されています。こんなふうに、ソースコードが実行される順番を制御して（自分で決めて）ある目的の処理を達成する手順のことを**アルゴリズム**と呼びます。おお、何だかカッコいいですね。

Section 01 今日のおやつは何を買う？（比較演算子とif）

「学校帰りにおやつを買いたいなと思ってコンビニに立ち寄りました。今日のおやつに使えるのは300円。でも、あまーいお菓子がいいな。何にしようかな…」女子高生のさりげない日常ですが、今回はこれに応えるプログラムのお話です。

プログラムの流れを変えよう(if文)

冒頭の「おやつ選び」は、いわば「試行錯誤の流れ」です。実は、こういうことはプログラムにとって格好の材料です。まずは、先のお話をもう少し詳しく整理してみましょう。

・おやつに使えるお金はいくら？

・甘いものがいい？

・カロリーが気になる？

これを流れ図にすると、こんな感じになります。

○ おやつを買うときの試行錯誤の流れ

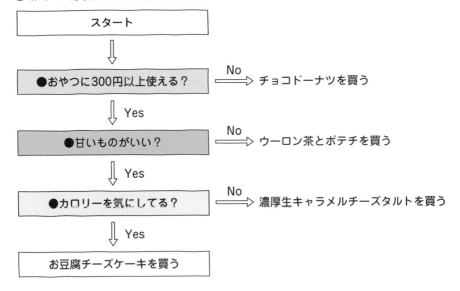

この図には、3つの「もしも」があります。「もしも300円以上使えたら」「もしも甘いものがいいなら」「もしもカロリーを気にするなら」の3つです。このような「もしも○○だったら××」は、**if**という**キーワード（予約語）**で表現することができます。

▶ if文

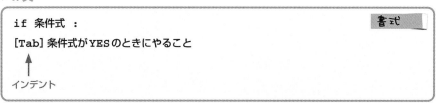

```
if 条件式 :
[Tab] 条件式がYESのときにやること
     ↑
インデント
```

書式

 ワンポイント　「if 条件式」の最後には必ず「:」（コロン）を付けてください。

○ ifの仕組み

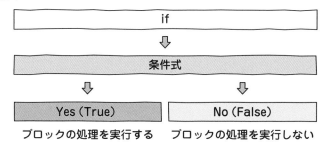

| if |
| 条件式 |
| Yes (True) | No (False) |
| ブロックの処理を実行する | ブロックの処理を実行しない |

ifは条件式の結果がYesであれば次の行に書いてあるコードを実行します。最初のifの条件式には「使えるお金は300円以上である」ことを式として書きます。条件に一致（条件が成立）すれば、次の行のソースコードが実行されます。実行するコードは、すべて [Tab] キーを使って字下げ（インデント）するのがポイントです。そうすれば、ifの条件が成立したときに実行されるべきコードとして扱われます。逆にインデントを入れないと、ifとは関係のないコードと見なされるので注意してください。

まず、1つ目の「もしも」をifで表してみると次のようになります。

◯ もしも使えるお金が300円以上なら…

> if(使えるお金は300円以上である):
> 　　ウーロン茶とポテチ
> 　　または濃厚生キャラメルチーズタルト
> 　　または豆腐チーズケーキを買う

条件式を作るための「比較演算子」

　if文でポイントになるのは条件式ですが、その名のとおり式を使って条件を表します。このとき「使えるお金 >= 300円」のように「>=」などの**比較演算子**という記号を使って式を作ります。

▼Pythonの比較演算子

比較演算子	内容	例	説明
==	等しい	a == b	aとbの値が等しければTrue、そうでなければFalse。
!=	異なる	a != b	aとbの値が等しくなければTrue、そうでなければFalse。
>	大きい	a > b	aがbの値より大きければTrue、そうでなければFalse。
<	小さい	a < b	aがbの値より小さければTrue、そうでなければFalse。
>=	以上	a >= b	aがbの値以上であればTrue、そうでなければFalse。
<=	以下	a <= b	aがbの値以下であればTrue、そうでなければFalse。
is	同じオブジェクト	a is b	aとbが同じオブジェクトであればTrue、そうでなければFalse。
is not	異なるオブジェクト	a is not b	aとbが同じオブジェクトでなければTrue、同じオブジェクトならFalse。
in	要素である	a in b	aがbの要素であればTrue、そうでなければFalse。
not in	要素ではない	a not in b	aがbの要素でなければTrue、そうでなければFalse。

　これらの比較演算子は、「式のとおりであればTrue、そうでなければFalse」を返します。ifでは条件式がTrueであれば次の行のコードが実行されます。このことを「条件式が成立する」といいます。

▶▶「=」と「==」の違いに注意

これまで何度も使ってきた「=」は代入演算子です。これに対しイコールを2つつなげた「==」は左の値と右の値が「等しい」ことを表現するための比較演算子です。

▼Notebook のセルに「==」を使った式を入力してみる

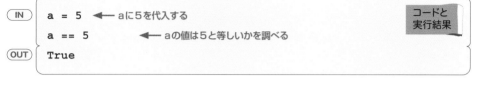

```
a = 5    ◀— aに5を代入する
a == 5       ◀— aの値は5と等しいかを調べる
```
```
True
```

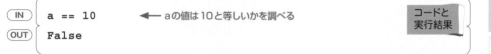

```
a == 10      ◀— aの値は10と等しいかを調べる
```
```
False
```

1つ目の「もしも」のコードを作ってみる

では、比較演算子を使って1つ目のif文を書いてみましょう。使えるお金が300円以上であれば「ウーロン茶とポテチ」「濃厚生キャラメルチーズタルト」「お豆腐チーズケーキ」のどれかが買えますので、これをそのまま出力するようにしましょう。

▼300円以上なら買えるものを表示

```
q1 = int(input('おやつにいくら使える？＞'))
if(q1 >= 300):
    print('ウーロン茶とポテチを買う')
    print('濃厚生キャラメルチーズタルトを買う')
    print('お豆腐チーズケーキを買う')
```

input()関数を使っておやつに使えるお金を取得するわけですが、入力されるのは文字列型なのでこれをint型に変換しておきます。そうすれば(q1 >= 300)を条件式にして「300以上である」ことを設定できます。

▶▶▶ 「そうでなければ」はelseで表す

あと、「使えるお金が300円以上ではない」ことに対処しなくてはなりません。「○ おや
つを買うときの試行錯誤の流れ」の図の1つ目のブロックの「No」の箇所です。300円以
上でなければ「チョコドーナツ」です。これは「ifの条件が成立しなかった」こととして、
elseというものを使って処理します。

▶ if...else

```
if 条件式 :                                          書式
    条件が成立した場合に実行する処理
else:
    条件式が成立しなかった場合に実行する処理
```

ifは「もしも○○なら××」だけですが、elseを付けることで「もしも○○なら××、そう
でなければ△△」のように、条件式が成立した場合と成立しない場合の2つの処理が行え
るようになります。

▼300円以上でない場合を追加する

```
q1 = int(input('おやつにいくら使える？＞'))         コード
# ifによる条件分岐
if(q1 >= 300):
    print('ウーロン茶とポテチを買う')
    print('濃厚生キャラメルチーズタルトを買う')
    print('お豆腐チーズケーキを買う')
# ifの条件が成立しなかった場合に以下の処理が実行される
else:
    print('チョコドーナツを買う')   ◀── 条件が成立しなかった場合に実行される
```

とりあえず、ここまでをセルに入力したらプログラムを実行してみましょう。Jupyter
Notebookのツールバー上の**Run**ボタンをクリックしてください。

なお、ソースコード内にコメントがありますが、必要なければ入力しなくても構いませ
ん。

01 はじめよう！プログラミング

02 プログラムの材料

03 処理の流れを作ろう

04 いろんなデータを扱おう

05 プログラムの精度を作ろう

06 インターネットとやりとりしてみよう

07 プログラムをライブラリ化しよう

資料

○ Notebook のセルに入力したプログラムを実行したところ

(OUT)

おやつにいくら使える？＞300 ← 300と入力します

ウーロン茶とポテチを買う ← 条件式が成立したときの処理が実行されました

濃厚生キャラメルチーズタルトを買う

お豆腐チーズケーキを買う

300円以上使える場合の処理を分ける

　一応、300円以上使える場合とそうでない場合の処理を作ることができました。ifの基本形はこれで完了です。ですが、例題では300円以上使える場合は、3つの候補の中のどれかに決めなくてはなりません。「○ おやつを買うときの試行錯誤の流れ」の図の3ブロック目と4ブロック目の箇所です。この部分の骨格となるのは「甘いものがいいのであれば『濃厚生キャラメルチーズタルト』か『お豆腐チーズケーキ』のどちらかにするかを決める処理へ進み、そうでなければ『ウーロン茶とポテチ』にする」ことです。これは次のif文で表現できます。

▼おやつに300円以上使える場合の処理

```
q2 = input('甘いものがいい？＞')
if(q2 =='Y'):
    # 「濃厚キャラメルチーズタルト」か
    # 「お豆腐チーズケーキ」のどちらにするかを決める処理へ進む ───A
else:
    print('ウーロン茶とポテチを買う')
```

　これで、甘いものでなくてもよい場合は「ウーロン茶とポテチ」になります。一方、甘いものが欲しいときは「カロリーを気にするなら'お豆腐チーズケーキ'、気にならないなら'濃厚生キャラメルチーズタルト'」を決めるif文が必要になります。これは、「もしも甘いものがよければ」の続きになりますので、先のif文のAの部分に入れ子にして埋め込んでしまいます。さらに、ここで扱っているif文自体、「300円以上使えるなら」の続きになるので、プログラム全体が次のような構造になります。

▼プログラム全体の構造

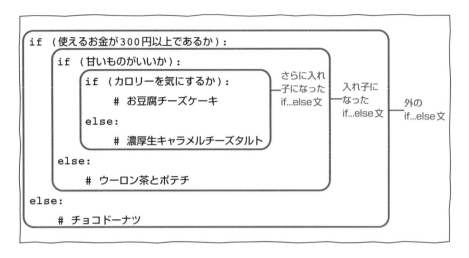

```
if （使えるお金が３００円以上であるか）:
    if （甘いものがいいか）:
        if （カロリーを気にするか）:
            # お豆腐チーズケーキ
        else:
            # 濃厚生キャラメルチーズタルト
    else:
        # ウーロン茶とポテチ
else:
    # チョコドーナツ
```

さらに入れ子になったif...else文
入れ子になったif...else文
外のif...else文

　if...else文の中に２つのif...else文が入れ子になった３重構造なので少々ややこしいですが、「◯ おやつを買うときの試行錯誤の流れ」の図の質問がif...else文として順番に入れ子にされている、と考えると整理しやすいかと思います。

▼Notebookのセルに入力した「今日のおやつ」プログラムの全体

IN

```
q1 = int(input('おやつにいくら使える？＞'))
if(q1 >= 300):              # 使える金額を判定するif文
    q2 = input('甘いものがいい？＞')
    if(q2 =='Y'):           # 甘いものかを判定するif文
        q3 = input('カロリーを気にしてる？＞')
        if(q3=='Y'):        # カロリーを気にするかを判定するif文
            print('お豆腐チーズケーキを買う')
        else:
            print('濃厚生キャラメルチーズタルトを買う')
    else:
        print('ウーロン茶とポテチを買う')
else:
    print('チョコドーナツを買う')
```

コード

ではセルに入力したプログラムを実行してみましょう。最初の質問で300以上を入力し、あとの質問はすべて「Y」と入力すれば「お豆腐チーズケーキを買う」と出力されるはずです。

○ プログラムを実行してみる

（OUT）

> おやつにいくら使える？＞300　←──── 300と入力
> 甘いものがいい？＞Y　←──────── Yと入力
> カロリーを気にしてる？＞Y　←───── Yと入力
> お豆腐チーズケーキを買う

　300円以上使えなかったり、その次の質問に「Y」以外を入力すると、それぞれ異なる答えが返ってきますので、いろいろ試してみてください。

ワンポイント

ここでは、ifの中にifを書いて、さらにその中にifを書きました。ただし、入れ子の中に入れ子を次々と作る「深い入れ子」はソースコードを読みにくくする原因になります。このため、入れ子にするのは最大で3階層（if 3回ぶん）までとされています。それ以上深くなってしまいそうなときは、条件を工夫するか、次の項目で紹介するelifを使うようにしましょう。

```
if (…)
    最初のifの処理
    if (…)
        次のifの処理
        if (…)              ──→ これ以上ifを入れ子にしなければ
            最後のifの処理         ならないなら、構造自体を見直して
                                  elifを導入するようにしましょう。
```

「もしも」をたくさん並べていろんなパターンを作る

if文にelifを加えることで、「もしも○○なら」に「では××なら」のパターンを加えることができます。こうすることで「AならBを実行」「CならDを実行」のように、条件をたくさん作って処理を分岐させることができます。

2つ以上の条件を織り交ぜる(if...elif...else)

if、elif、elseを組み合わせると「もし○○ならAを、××ならBを、それ以外ならCを」というように、条件○○、××によって違う処理を行わせることができます。

▶ if...elif...else

```
if 条件式1 :
    条件式1がTrueになるときに実行する処理
elif 条件式2 :
    条件式2がTrueになるときに実行する処理
else :
    すべての条件式がFalseのときに実行する処理
```

書式

elifを使うとif以外の条件式をいくつでも追加できます。elseはすべての条件が成立しなかった場合に実行されるので、必要がなければ書かなくても構いません。

「今日のおやつ」プログラムをelifを使って改造する

前節で作ったプログラムは、ifを入れ子にすることで複数の条件に対応させていました。elifを使えば、条件を工夫することで、入れ子にしないで済ませることができます。

コード

```
# 最初にまとめて質問しておく
q1 = int(input('おやつにいくら使える？＞'))
q2 = input('甘いものがいい？＞')
q3 = input('カロリーを気にしてる？＞')
# 最初の条件：300円以上で甘いものもカロリーも'Y'の場合
if ((q1 >= 300) and (q2 == 'Y') and (q3 == 'Y')): # ①
    print('お豆腐チーズケーキを買う')
# 最初のifが成立しない場合に評価される
elif ((q1 >= 300) and (q2 == 'Y')): # ②
    print('濃厚生キャラメルチーズタルトを買う')
# 最初のifも次のelifも成立しない場合に評価される
elif (q1 >= 300): # ③
    print('ウーロン茶とポテチを買う')
# どの条件も成立しない場合に実行される
else:
    print('チョコドーナツを買う')
```

ここでは、if、elif、elseを次のような構造にしました。

◯ if...elif...elseの構造

> if(300円以上で、かつ甘いものが'Y'、カロリーも'Y')
> elif(300円以上で、かつ甘いものが'Y')
> elif(300円以上)
> else

　if、elifは上から順番に調べられ（評価され）ますので、最初のifですべての条件を設定しておいて、次のelif以降で1つずつ条件を減らしていけば、すべてのパターンを処理できます。最終的にどの条件も成立しない場合は「使えるお金が300円未満」ということになります。入れ子のifのときは「大➡中➡小」のように条件を絞り込みましたが、今回は「小➡中➡大」のように細かい条件から始めていくのがポイントです。

▶▶▶ 複数の条件を連結する and と or

「A and B」とすると、「AもBも成立している」場合にのみ成立します。「A or B」とすると、「AとBのどちらかが成立」すれば成立します。

A and B   書式

2つの条件をつないで、2つとも成立する場合にTrueにします。

条件A	条件B	結果
True	True	True
True	False	False
False	True	False
False	False	False

A or B   書式

2つの条件をつないで、どちらかの条件が成立した場合にTrueにします。

条件A	条件B	結果
True	True	True
True	False	True
False	True	True
False	False	False

● ①の条件式

先頭のif文は次のような構造になっています。

```
if ((q1 >= 300) and (q2 =='Y') and (q3 == 'Y')):
```

andを使って複数の条件を設定

ここでは、「300円以上であること」（q1の値が300以上）と「甘いものがいい」（q2の値が'Y'）、「カロリーを気にする」（q3の値が'Y'）という3つの条件を2つのandで連結しました。この3つの条件が成立すればif文が成立、つまりTrueになります。このときは'お豆腐チーズケーキを買う'ことになります。

●②の条件式

1つ目のelifは「300円以上であること」（q1の値が300以上）と「甘いものがいい」（q2の値が'Y'）の2つが条件です。カロリーのみ気にしないのであれば、この条件式が成立します。

```
elif ((q1 >= 300) and (q2 == 'Y')):   ◀── 条件は2つ
```

●③の条件式

2つ目のelifは「300円以上であること」だけが条件です。

```
elif (q1 >= 300):
```

では、プログラムを実行してみましょう。

○ プログラムの実行結果

(OUT)
```
おやつにいくら使える？＞300    ◀──── 300を入力
甘いものがいい？＞Y       ◀──── 'Y'を入力
カロリーを気にしてる？＞N   ◀──── 'Y'以外を入力
濃厚生キャラメルチーズタルトを買う
```

今回は、最初にまとめて質問するようになりました。結果は前回のプログラムと同じになりますが、入れ子にしたifでは質問の答えの状況によって次の質問をするかどうかが決まりました。その点で前回のプログラムとは動作が異なります。

Section 03 同じ処理を繰り返す (for)

何かの不具合を知らせるために「エラー！」という表示を連続して出力したいとします。でも、1つの処理を何度も書くのは面倒です。こんなときは**繰り返し処理**という仕組みを使います。

指定した回数だけ処理を繰り返す

forは、指定した回数だけ処理を繰り返すためのキーワード（予約語）です。

▶ for の書式

```
for 変数 in イテレート可能なオブジェクト：
    繰り返す処理
```
書式

「イテレート可能なオブジェクト」とありますが、**イテレート** (iterate) とは「繰り返し処理する」という意味です。さらに**オブジェクト**とありますが、Pythonではプログラムに必要な要素のことを指します。これまでstr型やint型のデータを扱ってきましたが、このようなデータをひとまとめにしてオブジェクトという言い方をします。「int型のデータ」は「int型のオブジェクト」ということです。

そういうわけで、イテレート可能なオブジェクトというのは「繰り返し処理できるデータ」になります。これが何者かというと「イテレート（繰り返し処理）が可能なオブジェクト」ということになります。

▶▶▶ イテレート可能なオブジェクトを作成するrange()関数

イテレートが可能だということは、そのオブジェクトの中から順に値を取り出せることを意味します。Pythonには、このようなオブジェクトを作ってくれる関数が用意されています。

関数　range()

　1番目の引数で指定した整数値から2番目の引数で指定した整数値までの数値が代入された オブジェクトを作成します。ただし、オブジェクトに代入されるのは2番目の引数で指定した整数値の直前の値までです。3番目の引数はカウントアップする際のステップ数で、省略した場合は1ずつカウントアップされます。

```
range (開始する値, 終了する値 [, ステップ])           書式
```

　引数 (ひきすう) という用語が出てきました。これは「関数に渡すデータ」と呼んでいたものです。引き渡すデータのことなので引数というわけです。range(0, 5)と書けば、「for文で関数を呼び出すたびに」0、1、2、3、4が戻り値として返されます。range(5)とした場合は終了する値の部分だけが指定されたことになるので、同じように0から1ずつ5の直前までの値が順番に返されます。どちらの場合も5は返されないことに注意してください。では、実際に試してみましょう。

▼range()関数が返す値を表示してみる

```
IN   for count in range(5):  # range(5)は0,1,2,3,4を順に返す
         print(count)                              コード
```

○ 実行結果

```
OUT  0
     1
     2
     3
     4
```

　0から4までが順に出力されました。for文が実行されると、まずinのあとの「イテレート可能なオブジェクト」が参照されます。ここではrange()が作成したオブジェクトが参照されます。オブジェクトの中身は[0, 1, 2, 3, 4] のように0から4までの値が入っていますので、先頭の「0」が取り出されて変数countに代入されます。で、続くprint(count)が実行されて1回目の処理が終了します。

このあと再びinのあとのオブジェクトの2つ目の値である「1」が変数countに代入され、print(count)が実行されたあと、さらに3つ目の「2」がcountに代入されます。最後の「4」が代入されると次の繰り返しに入ったときにオブジェクトにはそのあとの値がありませんので、ここでforの処理が終了します。

● forのブロック

　forで繰り返す処理の範囲は、forの行と「インデントして書かれたソースコード」です。この部分をまとめてforの「ブロック」と呼びます。

▼forのブロック

```
for count in range(5):    ◀── countの値が5になったら終了
    処理1
    処理2
    処理3    ◀────────────── ここまで処理したらforの先頭に戻る
```

RPGをイメージしたバトルシーンを再現してみよう

　RPG（ロールプレイングゲーム）では、主人公がモンスターに遭遇するとバトルが開始されます。1回攻撃しただけではやっつけられないかもしれませんので、5回連続して攻撃したら退散させるようにしてみましょう。

▼モンスターに連続して5回攻撃する

IN

```
# ゲームの主人公名を取得                              コード
brave = input('お名前をどうぞ>')

# 名前が入力されたら以下の処理を実行
if(brave):  ◀── 名前が入力されていればbraveには値が存在するのでTrueになる
    for count in range(5):  ◀── 処理回数を保持する変数
        print(brave + 'の攻撃！')  ◀── 処理を5回繰り返す
    print('まものたちはたいさんした')
# 何も入力されなければゲームを終了
else:
    print('ゲーム終了')  ◀── 終了時の処理
```

○ 実行結果

お名前をどうぞ>ぱいそん　◀─── 名前を入力してスタート
ぱいそんの攻撃！　◀─── 繰り返し処理開始
ぱいそんの攻撃！
ぱいそんの攻撃！
ぱいそんの攻撃！
ぱいそんの攻撃！　◀─── 5回繰り返して終了
まものたちはたいさんした　◀─── for文の次のコードが実行されてプログラムが終了

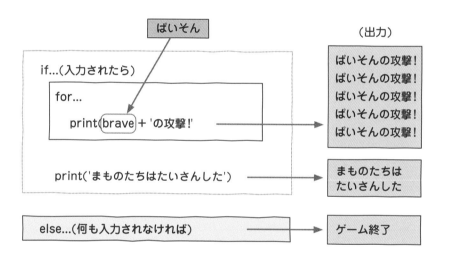

ぱいそん　　　　　　　　　　　　　　　　　　　　　（出力）

if...(入力されたら)

　for...

　　print(brave)+ 'の攻撃!'　────▶　ぱいそんの攻撃！
　　　　　　　　　　　　　　　　　　ぱいそんの攻撃！
　　　　　　　　　　　　　　　　　　ぱいそんの攻撃！
　　　　　　　　　　　　　　　　　　ぱいそんの攻撃！
　　　　　　　　　　　　　　　　　　ぱいそんの攻撃！

　print('まものたちはたいさんした')　────▶　まものたちは
　　　　　　　　　　　　　　　　　　　　　　　たいさんした

else...(何も入力されなければ)　────▶　ゲーム終了

Section 04 状況によって繰り返す 処理の内容を変える

攻撃するだけでは面白くありませんので、魔物たちの反応も加えること
にしましょう。

２つの処理を交互に繰り返す

for文（forブロック）の内部に書けるソースコードには特に制限がありませんので、if文
を書くこともできます。そうすれば、forの繰り返しの中で処理を分ける（分岐させる）こと
ができます。

そこで今回は、何回目の繰り返しなのかを調べて異なる処理を行います。奇数回の処理
なら勇者の攻撃、偶数回の処理なら魔物たちの反応を表示すれば、それぞれが交互に攻撃
を繰り出し、バトルっぽい雰囲気が出せるはずです。

▼勇者の攻撃と魔物たちの反応を織り交ぜる

IN　　　　　　　　　　　　　　　　　　　　　　　　　　　　　　　　コード

```
brave = input('お名前をどうぞ>')   # 勇者の攻撃パターンを作る
mamono1 = 'まものたちはひるんでいる'  # 魔物の応答パターン１
mamono2 = 'まものたちはたいさんした'  # 魔物の応答パターン２

# 名前が入力されたらバトル開始
if(brave):
    # 10回繰り返す
    for count in range(10):
        # 偶数回の処理なら勇者の攻撃を出力
        if count % 2 ==0:   ◀── countの値を２で割った余りが０であるか
            print(brave + 'の攻撃！')
        # それ以外（奇数回）の処理なら魔物たちの応答mamono1を出力
        else:   ◀── それ以外は奇数なので以下を実行
            print(mamono1)
    # for文終了後に魔物たちの応答mamono2を出力
    print(mamono2)
# 何も入力されなければゲームを終了
```

```
    else:
        print('ゲーム終了')
```

○ 実行結果

OUT

お名前をどうぞ>ぱいそん	←─── 名前を入力してスタート
ぱいそんの攻撃！	←─── 1回目はcountの値が「0」なので偶数回の処理
まものたちはひるんでいる	←─── 2回目はcountの値が「1」なので奇数回の処理
ぱいそんの攻撃！	
まものたちはひるんでいる	
ぱいそんの攻撃！	
まものたちはひるんでいる	
ぱいそんの攻撃！	
まものたちはひるんでいる	
ぱいそんの攻撃！	
まものたちはひるんでいる	←─── 最後の10回目はcountの値が「9」なので奇数回の処理
まものたちはたいさんした	←─── for文の次のコードが実行されてプログラムが終了

for文の変数countには最初の処理のときに0、以後処理を繰り返すたびに1から9までの値が順番に代入されます。if文の条件式を「count % 2 ==0」にすることで「2で割った余りが0」、つまり偶数回の処理であることを条件にしていますので、偶数回の処理であれば勇者の攻撃が出力されます。一方、2で割った余りが0以外になる（1になる）のは2で割り切れない、つまり奇数ということなのでelse以下で魔物たちの反応を出力します。これで勇者の攻撃と魔物たちの反応が交互に計10回出力され、バトルシーンが終了します。

3つの処理をランダムに織り交ぜる

　勇者の攻撃と魔物たちの応答を交互に繰り返すようになりましたが、ちょっと面白みに欠けるところではあります。攻撃と応答のパターンをもっと増やして、ランダムに織り交ぜるようにすれば、もっとバトルらしい雰囲気が出せそうです。

▶ randomモジュールを使って疑似乱数を発生させる

　Pythonではソースファイルのことを**モジュール**と呼びます。拡張子が「.py」の「for.py」などのソースファイルは「forモジュール」といった呼び方をします。Pythonには、いくつかのモジュールが標準で用意されていて、Pythonと一緒にインストールされるようになっています。**random**というモジュールもその1つです。このモジュールにはrandint()という関数のソースコードが書かれて（定義されて）います。

関数　random.randint()

関数の構造	randint(数値A, 数値B)
機能	数値A以上数値B以下のランダムな整数を返します。

　randint()関数は、呼び出すときの書き方がprint()のようなビルトイン（組み込み）型の関数と異なります。print()関数は関数名をそのまま書けばよかったのですが、randint()の場合はrandom.randint()のようにモジュール名と関数名をコロン(.)で区切って書きます。これは、「randomモジュール」の「randint()関数」を呼び出すことを意味しています。
　randint()関数を実行して、1から10までの範囲で何か1つの値を取得するには次のように書きます。

▼1～10の中から値を1つ取得する

```
num = random.randint(1, 10)    ← 1～10までの整数の中からランダムに
                                  1つの値を返す
```

　このコードが実行されるまで変数numに何の値が代入されるのかはわかりません。あるときは1であったり、またあるときは9や10だったりという具合です。

インポートしてモジュールを使えるようにする

モジュールは、プログラムに読み込むことで使えるようになります。これを**インポート**と呼び、importという予約語で任意のモジュールをインポートすることができます。

▶ モジュールのインポート

```
import モジュール名
```

次のように書けば、randomモジュールをインポートすることができます。

▼randomモジュールのインポート

```
import random
```

4つのパターンをランダムに出力する

さて、何のためにrandom()関数を使うのかというと、for文の中で何度も実行して、そのときに生成されたランダムな値（乱数）を使って処理を振り分けたいからです。例えば、1、2、3のいずれかであれば勇者の攻撃、4か5であれば魔物たちの反応、という具合です。「やってみなければわからない」というゲーム的な雰囲気を出すことができるので、ゲームプログラミングでよく使われる手法の1つです。

▼ランダムに攻撃を繰り出す

```
import random                       # randomモジュールのインポート

print('まものたちがあらわれた！')        # 最初に出力
brave = input('お名前をどうぞ！>')       # 勇者の名前を取得

brave1 = brave + 'のこうげき！'          # 1つ目の攻撃パターンを作る
brave2 = brave + 'は呪文をとなえた！'     # 2つ目の攻撃パターン
mamono1 = 'まものたちはひるんでいる'       # 魔物の反応その1
mamono2 = 'まものたちがはんげきした！'     # 魔物の反応その2

if(brave):
    print(brave1)                   # 繰り返しの前に勇者の攻撃を出力しておく
    for count in range(10):         # 繰り返す回数は10回
```

```
        x = random.randint(1, 10)
        if x <= 3:                    # 生成された値が3以下であればbrave1
            print(brave1)
        elif x >= 4 and x <= 6:  # 生成された値が4以上6以下はbrave2
            print(brave2)
        elif x >= 7 and x <= 9:  # 生成された値が7以上9以下はmamono1
            print(mamono1)
        else:                         # 生成された値が上記以外であればmamono2
            print(mamono2)
    print('まものたちはたいさんした')


else:
    print('ゲーム終了')               # 名前が入力されなかった場合は何もせずに終了
```

○ 実行例

(OUT)

```
まものたちがあらわれた！
お名前をどうぞ！ >パイソン    ◀── 名前を入力してスタート
パイソンのこうげき！
まものたちがはんげきした！   ◀── ここから繰り返し処理が始まる
パイソンのこうげき！
まものたちはひるんでいる
パイソンは呪文をとなえた！
まものたちがはんげきした！
まものたちはひるんでいる
パイソンのこうげき！
パイソンは呪文をとなえた！
パイソンのこうげき！
パイソンは呪文をとなえた！    ◀── 10回目の繰り返し処理
まものたちはたいさんした
```

　ランダムに生成した値が1〜3、または4〜6、7〜9の範囲かによってif...elif...で処理が分かれるようになっています。最後のelseはそれ以外の10が生成されたときに実行されます。

Section 05 指定した条件が成立するまで繰り返す（while）

Pythonには、もう1つ、処理を繰り返すためのキーワードwhileがあります。forは、「回数を指定して繰り返す」ものでしたが、whileには「条件を指定して繰り返す」という違いがあります。

条件が成立する間は同じ処理を繰り返す

「○○が××である限り」という条件で処理を繰り返したい場合、何回繰り返せばよいのかわかりませんのでforを使うことはできません。このような場合はwhileです。whileは、指定した条件が成立する（True）限り、処理を繰り返します。

▶ whileによる繰り返し

```
while 条件式 :
    繰り返す処理
```
書式

条件がTrueの間は繰り返す

forは、回数を指定して処理を処理を繰り返すものでした。一方、whileは「条件式がTrueである限り」処理を繰り返します。条件式が「Trueである限り」ですので、「a == 1」とすれば変数aの値が「1である限り」処理を繰り返し、「a != 1」とすればaの値が「1ではない限り」処理を繰り返します。

必殺の呪文で魔物を全滅させる

「ドラゴンクエスト」という有名なRPGに、一瞬で敵を全滅させる呪文があります。そこで、ある呪文の名前を唱えない限り、延々とゲームが続くというパターンをプログラミング*してみましょう。

---

*…をプログラミング　プログラム中のキャラクター名などは「ドラゴンクエスト」に似せていますが、別のものです。

```
IN  print('まものたちがあらわれた！')          # 最初に出力        コード
    brave = input('お名前をどうぞ！>')      # 勇者の名前を取得
    prompt = brave + 'の呪文 > '            # プロンプトを作る
    attack = ''                            # 呪文を代入する変数を用意

    while attack != 'ザラキン':  # attackが'ザラキン'でない限り繰り返す
        attack = input('' + prompt) # 呪文を取得
        print(brave + 'は「' + attack + '」の呪文をとなえた！')

        if attack != 'ザラキン': # attackが'ザラキン'でなければ以下を表示
            print('まものたちは様子をうかがっている')

    print('まものたちは全滅した')
```

　whileの条件式は「attack != 'ザラキン'」にしました。これで'ザラキン'と入力しない限り、whileブロックの処理が繰り返されます。なお、attackにはあらかじめ何かの値を代入しておかないとエラーになりますので、あらかじめ空の文字列''を代入してあります。

　さて、注目の繰り返し処理ですが、まずプロンプトを表示してユーザーから入力された文字列を取得します。'〇〇は××の呪文をとなえた！'と表示したあと、if文を使って'まものたちは様子をうかがっている'を表示します。ここでif文を使ったのは、'ザラキン'が入力された直後に表示させないためです。

　では、さっそく実行して結果を見てみましょう。

○ 実行結果

```
OUT  まものたちがあらわれた！
     お名前をどうぞ！>パイソン      ◀──── 名前を入力してスタート
     パイソンの呪文 > ラリホイ       ◀──── 呪文を入力（繰り返し処理の1回目）
     パイソンは「ラリホイ」の呪文をとなえた！
     まものたちは様子をうかがっている
     パイソンの呪文 > ホイミン       ◀──── 呪文を入力（繰り返し処理の2回目）
     パイソンは「ホイミン」の呪文をとなえた！
```

まものたちは様子をうかがっている

パイソンの呪文 ＞ ザラキン　　　◀─── 呪文を入力（繰り返し処理の3回目）

パイソンは「ザラキン」の呪文をとなえた！◀─── ここでwhileブロックを抜ける（条件不成立）

まものたちは全滅した　　　◀─── whileブロックを抜けたあとの処理

無限ループ

　wihleの条件式にTrueとだけ書くと、永遠に処理が繰り返されます。これを**無限ループ**と呼びます。Trueでなくても、次のようにTrue以外にはなり得ない条件を書いても無限ループが発生します。

▼無限に呪文を唱える

```
counter = 0                          コード
while (counter < 10):
    print('ホイミン')
```

　条件式は「counter ＜ 10」ですが、counterの値は0なのでいつまでたってもTrueのままです。

○ 実行結果

```
ホイミン
ホイミン
ホイミン
……省略……
ホイミン
ホイミン
    ◀─── ツールバーの［interrupt the kernel］ボタン ■ で止める
```

ポイントは、変数counterです。0が代入されていますが、繰り返し処理の最後に
counterに1を足して処理のたびに1ずつ増えていくようにすれば、値が10になったとこ
ろで「counter < 10」がFalseになり、whileを抜けます（whileブロックを終了するとい
う意味です）。

次は、前項のプログラムを改造したものです。指定した文字列を入力しなくても、処理を
3回繰り返したらwhileブロックを抜けてプログラムが終了するようにしてみました。

▼whileの繰り返しを最大3回までにする

```
print('まものたちがあらわれた！')        # 最初に出力           コード
brave = input('お名前をどうぞ！>')    # 勇者の名前を取得
prompt = brave + 'の呪文 > '         # プロンプトを作る
attack = ''                         # 呪文を代入する変数を用意


counter = 0
while counter < 3:              # attackが'ザラキン'でない限り繰り返す
    attack = input('' + prompt) # 呪文を取得
    print(
        brave + 'は「' + attack + '」の呪文をとなえた！')

    if attack == 'ザラキン':   # attackが'ザラキン'であれば以下を実行
        print('まものたちは全滅した')
        break ─────────────────①ここでwhileブロックを抜ける
    else:
        print('まものたちは様子をうかがっている')

    counter = counter + 1

if counter == 3:
    print('まものたちはどこかへ行ってしまった...')
```

while を強制的に抜けるための break

①の **break** は、強制的に while ブロックを抜ける（終了する）ためのキーワード（予約語）です。break を配置したことで、指定した文字列が入力されたタイミングで応答を表示して while ブロックを抜けるようになります。なお、入力文字の判定は、前回のプログラムでは while の条件でしたが、今回は処理回数を条件にしましたので、while ブロック内の if 文で判定するようにしたというわけです。最後の if 文は、処理が3回繰り返された場合に対応するためのものです。

では、プログラムを実行して結果を見てみましょう。

○ 指定した文字列が入力されなかった場合の実行結果

```
まものたちがあらわれた！
お名前をどうぞ！ ＞パイソン
パイソンの呪文 ＞ ペーラ        ◀── 繰り返しの1回目
パイソンは「ペーラ」の呪文をとなえた！
まものたちは様子をうかがっている
パイソンの呪文 ＞ ルカタン       ◀── 繰り返しの2回目
パイソンは「ルカタン」の呪文をとなえた！
まものたちは様子をうかがっている
パイソンの呪文 ＞ ザメハハ       ◀── 繰り返しの3回目
パイソンは「ザメハハ」の呪文をとなえた！
まものたちは様子をうかがっている
まものたちはどこかへ行ってしまった…
```

○ 指定した文字列が入力された場合の実行結果

```
まものたちがあらわれた！
お名前をどうぞ！ ＞パイソン
パイソンの呪文 ＞ ザラキン       ◀── 繰り返しの1回目
パイソンは「ザラキン」の呪文をとなえた！
まものたちは全滅した
```

1 if文 ──────────────────────────────── 難易度★★★

if文 (ifブロック) の用途とその使い方について述べてください。

▶▶ヒント：本文80～87ページ参照

2 for文 ──────────────────────────────── 難易度★★★

for文 (forブロック) の用途とその使い方について述べてください。

▶▶ヒント：本文92～95ページ参照

3 while文 ─────────────────────────────── 難易度★★★

while文 (whileブロック) の用途とその使い方について述べてください。

▶▶ヒント：本文101～105ページ参照

4

Pythonの仕組みを使って いろんなデータを作ろう

この章でマスターすること

「**シーケンス**」という言葉があります。プログラミングの世界では「並んでいる順番で処理が行えるもの」のことを指します。この意味では、文字列はシーケンスです。1つひとつの文字が並んでいることに意味があるのでシーケンスなのです。

Pythonで扱うシーケンスには、**リスト**と**タプル**というデータ型があります。どちらも1つのオブジェクトの中に複数の要素を持ちます。普通の変数には値を1つしか代入できませんが、リストやタプルには複数の値を代入できます。で、代入した順番が記憶されるので、文字列のように要素の並びに意味があります。

一方、Pythonには、シーケンスに似た**辞書**があります。辞書は、「キー:値」を要素に持つオブジェクトです。

このようなシーケンス型のオブジェクトと非シーケンス型のオブジェクトは、プログラムの内容によって使い分けると、とても便利なものです。どういったことに役立つのかをじっくり見ていきましょう。

文字列をプログラムで操作しよう（エスケープシーケンスと演算子）

文字列を扱う場合は、文字そのもののほかに改行を含めたり、タブを入れたりすることがあります。ここでは、改行やタブなどの文字列に特殊な効果を与えるもの、そして文字列の連結や繰り返しについて見ていきましょう。

逃げろ！（エスケープシーケンス）

文字列の中には、文字として表示する要素だけではなく、改行とかタブなどが使われます。これらは特殊な文字を使って表すのですが、このような「文字として表示されない特殊な機能を持つ文字」のことを**エスケープシーケンス**と呼びます。

▶▶▶ 文字列の中に改行やタブを入れてみる

Jupyter Notebookのセルでは、シングルクォート、またはダブルクォートで囲んだ文字列を入力すると、入力した文字列をそのまま出力します。これを**自動エコー**と呼びます。一方、トリプルクォートを使うと、文字列の途中に改行を入れることができるので試してみましょう。

▼トリプルクォートで文字列を改行して入力する

IN	''' 明日は　　　　　← 改行する 雨かなあ '''	コードと 実行結果
OUT	' 明日は ¥n 雨かなあ '　← 改行を示す「¥n」が表示される	

今度はクォートで囲んだ文字列の中に ¥ を入れてみましょう。

IN	'¥明日の天気'　← 先頭に ¥ を入れてみる	コードと 実行結果
OUT	'¥¥明日の天気'	

改行すべきところに「¥n」、¥のところが「¥¥」と表示されました。一方、print()関数を使うと、きちんと改行され、¥の前に付いていた¥が取り除かれます。

▼print()関数で改行や¥記号が含まれる文字列を出力する

```
print('''明日は
雨かなあ''')
```
コードと
実行結果

```
明日は
雨かなあ          ◀── 改行して表示される
```

```
print('¥明日の天気')
```
コードと
実行結果

```
¥明日の天気          ◀── ¥のみの状態で表示される
```

話が少しそれますが、print()関数では、文字列が代入された複数の変数を「,」で区切って書くことで、これらをまとめて表示できます。

▼変数に代入された文字列をまとめて出力する

```
str1 = '明日の天気：'   ◀── 変数str1に文字列を代入
str2 = '雨です'        ◀── 変数str2に文字列を代入
print(str1, str2)     ◀── str1、str2を出力
```
コードと
実行結果

```
明日の天気： 雨です
```
　　　　　↑
　　間にスペースが入る

変数str1とstr2をまとめて出力しましたが、print()関数の仕様として、それぞれの文字列の間にスペースが入ります。

「¥」で文字をエスケープすれば改行や¥記号そのものを入れられる

本題に戻りましょう。トリプルクォートで文字列を改行して入力した際に、自動エコーでは'明日は¥n雨かなあ'のように、改行すべきところに**¥n**という記号のようなものが表示されました。これが**エスケープシーケンス**です。「¥」を使ってあとに続く文字に特別な意味を与えているので、この場合の「n」は「改行」という意味になります。nを「エスケープ」して改行という意味を与えているので、文字列の中に「¥n」と書けば、そこで改行されるようになるというわけです。

エスケープシーケンスを入れることで、実際に改行したりタブを入れたりしなくても、改行やタブを表現できます。

```
print('明日の天気：¥n雨¥tです')
明日の天気：
雨　　です
```

IN / OUT — コードと実行結果

「¥」は本来、バックスラッシュの記号ですが、日本語環境の多くでは「¥」(円記号)として表示され、入力するキーとしても多くが「¥」キーとして配置されています。ですが、コンピューターの内部ではあくまで「\」(バックスラッシュ)として扱われます。なお、Jupyter Notebookでは「¥」と表示されますが、Spyderではバックスラッシュで表示されるようになっています。

このようなエスケープシーケンスには、次のようなものがあります。

▼エスケープシーケンスの例

¥0	NULL文字 (何もないことを示すためのもの)
¥b	バックスペース
¥n	改行 (Line Feed)
¥r	復帰 (Carriage Return)
¥t	タブ
¥'	文字としてのシングルクォート
¥"	文字としてのダブルクォート
¥¥	文字としてのバックスラッシュ

ワンポイント

「'I'm a programmer.'」では、Iだけが文字列リテラルとして認識されますが、「'I¥'m a programmer.'」とすることで、I'm a programmer.全体が文字リテラルとして認識されます。

文字列の連結と繰り返し

演算子の「+」は、+の左と右が文字列であれば文字列結合演算子として機能するようになります。

01 はじめよう！
プログラミング

02 プログラムの
材料

03 処理の流れを
作ろう

04 いろんなデータ
を作ろう

05 プログラムの
間違いを知ろう

06 インターネットに
アクセスしよう

07 プログラムを
GUI化しよう

資料

▼文字列結合演算子の「+」で連結する

IN
```
a = '曇り'
b = '時々晴れ'
print(a + b)    ← 変数aとbに格納されている文字列を連結する
```

OUT
```
曇り時々晴れ
```

コードと
実行結果

print()関数は、「,」で区切ることで異なる文字列を連続して表示しますが、文字列の間にスペースが入りますので、スペースを入れたくない場合は「+」で連結するようにします。

一方、文字列のあとに「*数字」と書くと、「*」は直前の文字列を繰り返す演算子として機能するようになります。

▼「*数字」で直前の文字列を繰り返す

IN
```
start = '難しい ' *4    ← 「*4」で4回繰り返す
print(start)
```

OUT
```
難しい 難しい 難しい 難しい
```

コードと
実行結果

文字列の連結は、あらかじめ用意しておいた文字にプログラムの実行結果を続けて出力したい場合に使うことが多いです。

文字列を取り出したり
置き換えたり
(スライスと置き換え)

Pythonには、文字列を操作するための演算子や様々な関数が用意されています。

文字列から1文字取り出す

ブラケット演算子[]を使うと、文字列の中から特定の文字を取り出すことができます。文字列[インデックス]と書けば文字列の中から特定の1文字を取り出せます。**インデックス**とは文字の位置を示す数値のことで、文字列の先頭を「0」として数えます。2番目が「1」、3番目が「2」と続きます。

▶ 文字列から1文字取り出す

> 文字列 [インデックス]　　　　　　　　　　　　　　　書式

▼文字列の先頭の文字を取り出す

```
IN   '2の3乗は8' [0]  ◀─ 先頭文字のインデックスは「0」      コードと
                                                        実行結果
OUT  '2'
```

変数に格納された文字も、同じように取り出せます。

▼変数に格納された文字列から取り出す

```
IN   a = '2の3乗は8'                                   コードと
                                                        実行結果
     a[2] ◀─ 3番目の文字を取り出す
OUT  '3'
```

インデックスにマイナス記号を付けると、文字列の末尾からカウントされるようになります。末尾の文字のインデックスは「−1」です。さらに末尾の左側の文字は「−2」、そのまた左は「−3」と続きます。

```
'2の3乗は8'[-4]    ◀── 右端から4つ目の文字を取り出す
```
IN

コードと
実行結果

```
'3'
```
OUT

注意 文字列の長さ以上のインデックス（操作例の場合は「6」以上の数）を指定するとエラーになります。指定できるのは、最大で「文字数−1」までの数です。末尾から数える場合は「−文字数」までになります。

指定した範囲の文字列を切り出す

`[:]` や `[::]` を使うと、任意の位置の文字列、または文字の切り出し（**スライス**）ができます。文字列の中から必要な箇所だけ抜き出したい、あるいは不要な文字を取り除きたい、といった場合に使える方法です。

▶▶▶ [インデックス:]で指定した位置から末尾までの文字列をスライスする

次のように書くと、インデックスで指定した位置の文字から末尾までの文字をまとめてスライスできます。

▶ 指定した位置から末尾までをスライス

```
[インデックス :]
```
書式

▼[:]でスライス

```
mail = 'python@example.com'    ◀── 全部で18文字
mail[:]    ◀── インデックスを指定しないと文字列がすべてスライスされる
```
IN

コードと
実行結果

```
'python@example.com'
```
OUT

```
IN    mail[7:]    ← @のあとのeは8番目なのでインデックスは「7」
OUT   'example.com'    ← インデックス7以降の文字列がスライスされる
```

　インデックスにマイナスを付けると右端を−1から数えますので、次のように[−3:]とすれば末尾から3文字目以降の文字列、言い換えると末尾の3文字をスライスできます。

▼末尾の3文字をスライス

```
IN    mail[-3:]    ← 末尾から3つ目の文字から末尾までをスライス
OUT   'com'
```

　なお、スライスしても、もとの文字列はそのまま残ります。もとの文字列から不要な文字列を取り除きたい場合は、再代入が必要になります。

▼スライスした文字列を取り除く

```
IN    mail = 'python@example.com'
      mail = mail[7:]    ← 必要な文字列だけをスライスして再代入する
      mail
OUT   'example.com'    ← @までの文字列が取り除かれた
```

▶▶▶ [:インデックス]で先頭からインデックス−1までの文字列をスライスする

　前回とは逆にスライスの開始位置を先頭に固定した状態で、任意の位置までの文字列をスライスする方法です。

▶ 先頭からインデックスで指定した直前の文字までをスライス

対象の文字列 [:インデックス]　　　　　　　　　　　　書式

　「インデックスの直前までをスライスする」のがポイントです。3文字目までをスライスするのであれば、4文字目を指すインデックス値「3」を指定します。文字を数えた順番の3と一致するので、直感的にわかりやすいです。

▼文字列の先頭から任意の位置までスライスする

```
mail = 'python@example.com'
mail[:6]  ← 先頭から6文字目までをスライス
```

```
'python'
```

コードと
実行結果

　指定したインデックスよりも−1のインデックスになるので、次のように「−3」を指定した場合は「−4」の位置までがスライスされます。言い換えると、末尾の3文字を除いてスライスされることになるので「末尾のn文字ぶん取り除きたい」ときはこの方法を使うとよいでしょう。

▼末尾から指定してスライスする

```
mail[:-3]  ← 末尾の3文字を除いてスライスする
```

```
'python@example.'
```

コードと
実行結果

[インデックス:インデックス]で指定した範囲の文字列を取り出す

　コロン（:）の左右でインデックスを指定すると、任意の位置から特定の範囲でスライスできます。

▶ 範囲を指定してスライス

> 対象の文字列 [インデックス : インデックス]

書式

▼文字列の指定した範囲の文字列をスライスする

```
mail = 'python@example.com'
mail[7:14]  ← 8文字目から15文字目の直前までをスライス
```

```
'example'
```

コードと
実行結果

```
mail[7:-4]  ← 8文字目から、末尾から数えて4文字目の直前までをスライス
```

```
'example'
```

コードと
実行結果

▶▶ 指定した文字数ごとに文字列を取り出す

次のように書くと、先頭のインデックスからステップで指定した文字数ごとに、末尾インデックスから−1した位置までの文字（1文字）を繰り返しスライスできます。

▶ 指定した範囲からn文字ごとに文字をスライスする

```
対象の文字列 [ インデックス : インデックス : ステップ ]            書式
```

ちょっとわかりづらいので、いろんなパターンを試してみましょう。

▼ステップ数を指定してスライス

IN
```
str = '1,2,3,4,5,6,7,8,9'
str[::1]   ◀── ステップの値を「1」にする
```
OUT
```
'1,2,3,4,5,6,7,8,9'   ◀── 1文字ごとにスライスされるので何も変わらない
```
コードと実行結果

IN
```
str[::2]   ◀── ステップの値を「2」にする
```
OUT
```
'123456789'   ◀── 先頭の文字を含めて2文字ごとにスライスされる
```
コードと実行結果

ステップの値を2にすると先頭の文字を含めて2文字ごとにスライスされます。例のように1つおきに現れる余分なカンマを取り除きたいときに使えるテクニックです。一方、スライスする範囲を指定すれば、その範囲の文字だけをステップ値ごとにスライスします。

▼先頭と末尾を指定してステップごとにスライスする

IN
```
str = '1,2,3,4,5,6,7,8,9'
str[2:-2:2]   ◀── 3文字目から、末尾から数えて2文字目まで
               の範囲でスライスする
```
OUT
```
'2345678'
```
コードと実行結果

文字列の分割、結合、置換、いろいろやってみる

Pythonには、文字列の分割や結合、置換を行う関数が用意されています。

文字列の長さを調べる：len()関数

len()関数は、文字列の文字数を数えた結果を返します。画面に入力された文字数を調べたいときなどに便利な関数です。

関数 len()

引数に指定した文字列の文字数を返します。

書式　　len(文字列)

例として、メールアドレスの文字数を取得してみましょう。

▼文字列の文字数を調べる

```
IN    mail = 'python@example.com'
      len(mail)
OUT   18 ◀── 全部で18文字
```
コードと実行結果

文字列を特定の文字のところで切り分ける：split()メソッド

split()メソッドは、文字列に含まれる任意の文字を区切り文字とすることで、文字列を切り分けます。

メソッド split()

str型のオブジェクトを、セパレーターに指定した文字を区切りとして切り分け、切り分けたすべての文字列を返します。

　またまたメソッドだのオブジェクトだのいろいろ出てきました。以前「Pythonはすべてのデータをオブジェクトとして扱う」とお話ししたことがありますが、データとしての文字列もオブジェクトです。文字列はstr型ですので「str型のオブジェクト」となります。

　一方、「オブジェクトを指定して実行する」関数が**メソッド**です。split()はオブジェクトに対して実行するのでメソッドです。

▶▶▶ セパレーターを指定して文字列を切り分ける

　文字列はstr型のオブジェクトですから、直接、文字列に対してsplit()を実行することができます。なお、オブジェクトのあとに付ける「.」は「〜に対して」という意味を持ちますので、必ず付けるようにしてください。

▼「,」(カンマ) をセパレーターにして文字列を取り出す

```
IN   '1,2,3,4,5,6,7,8,9,10'.split(',')
OUT  ['1', '2', '3', '4', '5', '6', '7', '8', '9', '10']
```
コードと実行結果

　カンマのところで切り分けられたようですが、出力された結果を見ると[ ]の中に'1', '2', '3', ...'10'のように切り分けられた文字が入っています。split()メソッドは切り分けた文字列をすべて戻り値として返しますが、1つ1つ返すのではなく**リスト**と呼ばれるデータ型の値としてまとめて返します。リストは[ ]の中でカンマで区切ることで、複数の値をまとめて管理します。リストについては、このあとの節で詳しく見ていきます。

　さて、変数にセットした文字列も同様に切り分けられます。今度は全角スペースをセパレーターにして切り分けてみましょう。

▼全角スペースをセパレーターにする

```
IN   sentence = '東京都　中央区　銀座'
     sentence.split('　')
OUT  ['東京都', '中央区', '銀座']    ◀── スペースの部分で区切って文字列が切り出される
```
コードと実行結果

replace()メソッドで文字列の一部を置き換える

replace()メソッドを使うと、指定した文字列を別の文字列に置き換えることができます。

○ replace()メソッド

> 対象の文字列.replace(置き換える文字列, 置き換え後の文字列, 置き換える回数)

「置き換える回数」の部分では、置き換えの回数を指定します。省略した場合は、置き換えが1回だけ行われます。では、「こんばんはハイソンです」の「こんばんは」を「調子はどう？」に置き換えてみましょう。

▼文字列の一部を置き換える

```
IN   msg = 'こんばんはハイソンです'
     print(msg)  ◀── msgの中身を出力
OUT  こんばんはハイソンです
```
コードと
実行結果

```
IN   msg = msg.replace('こんばんは', '調子はどう？')  ◀── ①
     print(msg)  ◀────────── msgの中身を出力
OUT  調子はどう？ハイソンです  ◀── '調子はどう？'に置き換えられている
```
コードと
実行結果

①のところでは、置き換えた文字列を変数msgに再代入しています。置き換えただけではmsgの中身は変わりませんので、再代入しているというわけです。結果、print()で変数msgを出力すると置き換え後の文字列が出力されています。

● 繰り返し置き換える

前記では、置き換えの回数を省略しました。置き換えが1回で済むなら、これでよいのですが、文字列に何度も登場する文字をすべて置き換えたい場合は、次のように回数を指定します。登場する回数が多くて何回指定すればよいのかわからない場合は、多めの回数を指定しておけばOKです。指定した回数に達しなくても、置き換えが完了した時点で処理が終了します。

▼replace()で繰り返し置き換える

```
str = '美しい花が美しい庭に美しく咲いていました。'
str = str.replace('美しい', 'とても美しい', 10)    ◀── 回数を多め
print(str)                                                      に設定
```

IN

OUT とても美しい花がとても美しい庭に美しく咲いていました。

コードと
実行結果

2か所の「美しい」が「とても美しい」に置き換えられました。なお、このように置き換える文字列がはっきりしている場合はよいのですが、例えば「美しい」の「い」だけを指定して「すぎる」に置き換えて「美しすぎる」にしようとすると、最後の「咲いていました」の2か所の「い」まで置き換えられてしまうので注意してください。

指定した書式で文字列を自動作成する：format()メソッド

format()メソッドを使うと、文字列の中に別の文字列を持ってきて埋め込むことができます。例えば、「さん、こんにちは！」という文字列を作っておいて、プログラムの実行中に名前を埋め込んで「パイソンさん、こんにちは！」にすることができます。

メソッド format()

文字列の中の{ }の部分を別の文字に置き換えます。

書式 { }を含む文字列.format(置き換える文字列)

▼{ }の部分を名前に置き換えてみる

IN '{ }さん、こんにちは！'.format('パイソン') ◀──┐
OUT 'パイソンさん、こんにちは！'   { }の部分を「パイソン」に
                                                             置き換える

コードと
実行結果

'{ }さん、こんにちは！'.format('パイソン')
　　　　　　　　　　　　　　　　　　( )の中の文字列で置き換える

▶▶ 複数の{}を置き換える

　文字列の置き換えは、いくつでもできます。この場合、{}の並び順に対応して、format()
の引数として指定した文字列が順番に置き換えられます。その際、引数として設定する文
字列が複数になるので、「,」で区切って書いていきます。

▼2つの{}を置き換える

| IN | '{}の天気は{}です'.format('明日', '曇り') | コードと実行結果 |
| OUT | '明日の天気は曇りです' | |

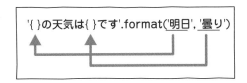

'{}の天気は{}です'.format('明日', '曇り')

　{}の並び順に応じて、引数として指定した文字列が順番に置き換えられます。

> **注意**　{}の数と引数の数が合わないとエラーになります。

▶▶ 文字列を埋め込む位置を指定する

　{}の並び順に関係なく、指定したところの{}を置き換えたい場合は、{}の中に引数の番
号を書きます。引数の番号は、最初の引数が「0」、次が「1」、「2」、…のように、並び順に応
じて増えていきます。

▼文字列を置き換える位置を指定する

| IN | '{1}の天気は{0}です'.format('明日', '曇り') | コードと実行結果 |
| OUT | '曇りの天気は明日です' | |

▶▶ 小数点以下の桁数を指定する

format()メソッドには、小数点以下の桁数を指定できる機能があります。この場合、埋め込む部分を次のように書きます。

▶ 小数点以下の桁数を指定する

{引数の番号:.桁数 f}.format(小数を含む値)　　　　　　　書式

桁数（精度）の先頭に小数点の「.」を付けることに注意してください。なお、引数が1つしかない場合は引数の番号を省略できます。

▼これまでどおりNotebook上で実行

```
'{:.3f}'.format(1/3)  ←── 1を3で割った結果を小数点
'0.333'                    以下3桁までにする
```
コードと
実行結果

▶▶ 数値を3桁で区切る

置換する部分を{:,}とすれば、引数に指定した数値に3桁ごとにカンマ「,」を入れることができます。

▼3桁区切りのカンマを入れる

```
'{:,}'.format(1111111111.123)  ←── 小数も含めてみる
'1,111,111,111.123'            ←── 整数部分のみが3桁区切りになる
```
コードと
実行結果

任意の数のデータを一括管理する(リスト)

これまでは、1つのデータに変数名という名前を付けて管理してきました。でも「変数 = 1つのデータ」には限界もあります。いろんなデータを扱うようになってくると「10個のデータを1つにまとめて名前を付ける」ことも必要になってきます。

「シーケンス」というデータ

シーケンスとは、データが順番に並んでいて、並んでいる順番で処理が行えることを指します。対義語は**ランダム**です。文字列 (str型) は、1つ1つの文字が順番に並ぶことで意味を成しますのでシーケンスです。このようなstr型オブジェクトとは別に、Pythonにはシーケンスを表すデータ型として、**リスト**と**タプル**があります。リスト型のオブジェクトもタプル型のオブジェクトも、1つのオブジェクトに複数のオブジェクトを格納できるのが大きな特徴です。

▶▶ リストを作る

リストを作るのは簡単です。ブラケット[ ]で囲んだ内部にデータをカンマ (,) で区切って書いていくだけです。そうすればリストに名前 (変数名) を付けて管理できるようになります。

▶ リストを作る

```
変数名 = [要素1, 要素2, 要素3, ... ]          書式
```

▼すべての要素がint型のリスト

```
number = [1, 2, 3, 4, 5]
```

▼すべての要素がstr型のリスト

```
greets = ['おはよう', 'こんにちは', 'こんばんは']
```

```
data = ['身長', 160, '体重', 40.5]
```

リストの中身を**要素**と呼びます。要素のデータ型は何でもよく、いろんなデータ型を混在させても構いません。あと、要素はカンマで区切って書きますが、最後の要素のあとにカンマを付ける必要はありません (ただし付けてもエラーにはなりません)。また、要素と要素の間にスペースを入れていますが、これはコードを読みやすくするためなので、必要なければ入れなくても構いません。

▶▶▶ 空のリストを作る

リストの中身が最初から決まっていればよいのですが、プログラムを実行してみないことにはわからない、ということもあります。そのようなときは、あらかじめ要素が何もない**空のリスト**を用意することになります。

▶ 空のリストをブラケットで作る

```
変数名 = []
```
書式

▶ 空のリストをlist()関数で作る

```
変数名 = list()
```
書式

中身が空ですので、プログラムの実行中に要素を追加することになります。そのときは**append() メソッド**を使います。

メソッド append()

リスト型のオブジェクト (の末尾) に要素を追加します。

書式	リスト型のオブジェクト.append(追加する要素)

▼append()メソッドで要素を追加する

```
sweets = []
sweets.append('ティラミス')    ←―― 要素を追加
sweets
```
IN

コードと
実行結果

```
['ティラミス']
```
OUT

```
sweets.append('チョコエクレア')    ←―― 要素を追加
sweets
```
IN

コードと
実行結果

```
['ティラミス', 'チョコエクレア']
```
OUT

　Notebookのセルは変数名を入力するとその中身を表示してくれるので、リストの場合は[ ]まで表示してリストであることが示されます。1つ注意点ですが、append()は要素を1つずつしか追加できません。複数の要素を追加するときは、forやwhileを使って連続してappend()を実行することが必要になります。

リストのインデックシング

　リストの要素の並びは、追加した順番のまま維持されます。このため、文字列のときと同じようにブラケット演算子でインデックスを指定することで、特定の要素を取り出すことができます。これを**インデックシング**と呼びます。インデックスは0から始まりますので、1番目の要素のインデックスは0、2番目の要素は1と続きます。

▶ リスト要素のインデックシング

リスト型の変数名 [インデックス]　　　　　　　　　書式

▼インデックシング

```
sweets = ['ティラミス', 'チョコエクレア', 'クレームブリュレ']
sweets[0]
```
IN

コードと
実行結果

```
'ティラミス'
```
OUT

```
IN   sweets[1]                                          コードと
OUT  'チョコエクレア'                                    実行結果
```

```
IN   sweets[2]                                          コードと
OUT  'クレームブリュレ'                                  実行結果
```

　最後の要素を指定したいけれどインデックスがわからない、という場合は[−1]を指定すればアクセスできます。これを「ネガティブインデックス」と呼び、最後の要素から−1、−2、…と続きます。文字列の操作にもありましたが、それと同じ仕組みです。

▼ネガティブインデックスでアクセス（上記の続き）

```
IN   sweets[-1] ──────────── 最後の要素にアクセス        コードと
OUT  'クレームブリュレ'                                  実行結果
```

注意 インデックスもネガティブインデックスも、範囲を超えて指定するとエラーになるので注意してください。

イテレーション

　リストの処理で最も使われるのは、すべての要素に対して順番に何らかの処理をすること（イテレーション）です。そういえばforは「イテレート可能なオブジェクト」を基準にして繰り返しを行うのでした。

▶ for

```
for 変数 in イテレート可能なオブジェクト：          書式
    処理 ...
```

　「イテレート可能なオブジェクト」とは「順番に値を取り出せるオブジェクト」のことを指しますので、range()関数自体がイテレート可能なオブジェクトということになります。

▼rangeオブジェクトをイテレートしてみる

```
for count in range(5):  ——— 0~4までの値を順次返す
    print(count)
```

`IN`　コード

○ 実行結果

`OUT`
```
0
1
2
3
4
```

同じことをリストを使ってやってみましょう。

▼リストをイテレートしてみる

```
for count in [0, 1, 2, 3, 4]:
    print(count)
```

`IN`　コード

○ 実行結果

`OUT`
```
0
1
2
3
4
```

結果は同じですね。こうしてみるとrange()関数はリストを作っているようにも見えますがそうではありません。あたかもリストの要素を1つずつ取り出しているように振る舞っているだけです。次のようにすればrange()関数の戻り値を利用してリストが作れます。

▼range()関数を利用してリストを作る

```
IN    list(range(5))
OUT   [0, 1, 2, 3, 4]
```

`コードと実行結果`

数値ばかりじゃつまらないですので、RPGの呪文っぽいものをリストにしてみましょう。

▼文字列のリスト

```
IN    spell = ['ベギラママン', 'イオナズズズン', 'ヒャダルカ', 'バギママ']
      for attack in spell:
          print(attack + 'の呪文をとなえた！')
```

`コード`

○ 実行結果

```
OUT   ベギラママンの呪文をとなえた！
      イオナズズズンの呪文をとなえた！
      ヒャダルカの呪文をとなえた！
      バギママの呪文をとなえた！
```

スライス

インデックスを2つ指定することで、特定の範囲の要素を取り出すことができます。文字列のときにやった**スライス**です。スライスされた要素もリストとして返されますが、該当する要素がない場合は空のリストが返されます。

▶ リストの要素をスライスする

リスト型のオブジェクト [開始インデックス ： 終了インデックス]   `書式`

「開始インデックスの要素」から「終了インデックスの直前の要素」までがスライスされます。

▼リストの要素をスライスする

```
weapon = ['はがねのつるぎ', 'くさりがま',
         'まどうしのつえ', 'メガトンハンマー']
weapon[0:3]
weapon[0:3]  ──────── 1～3番目の要素をスライス
['はがねのつるぎ', 'くさりがま', 'まどうしのつえ']
```

コードと
実行結果

```
weapon[::2]  ──────── 3番目のインデックスを指定して
                      1つおきにスライスする
['はがねのつるぎ', 'まどうしのつえ']
```

コードと
実行結果

リストの更新

Pythonのリストは、要素の内容を変更したり、別のオブジェクトをセットできます。これを**ミュータブル**（変更可能）であると言います。

▼リストの要素を書き換える

```
weapon = ['はがねのつるぎ', 'くさりがま', 'メガトンハンマー']
weapon[0] = '炎のブーメラン'
weapon
['炎のブーメラン', 'くさりがま', 'メガトンハンマー']
```

コードと
実行結果

リスト型のオブジェクトには、リスト専用のメソッドが用意されています。リストの末尾に新しい要素を追加する**append()メソッド**もその1つです。

メソッド　append()

リストの末尾に要素を追加します。

書式	リスト型のオブジェクト.append(追加する要素)

```
weapon = ['はがねのつるぎ', 'くさりがま', 'メガトンハンマー']
weapon.append('えいゆうのヤリ')
weapon
```
IN

コードと
実行結果

OUT
```
['はがねのつるぎ', 'くさりがま', 'メガトンハンマー', 'えいゆうのヤリ']
```

要素を取り除くには、**pop()メソッド**を使います。

メソッド　pop()

インデックスで指定した位置にある要素をリストから削除し、削除した要素を戻り値として返します。引数を指定しない場合はpop(-1)として扱われ、末尾の要素が取り除かれます。

書式	リスト型のオブジェクト. pop(インデックス)

▼リスト要素の削除

IN
```
weapon = ['はがねのつるぎ', 'くさりがま',
             'メガトンハンマー']
item = weapon.pop()    ── 末尾の要素を取り出す
item
```

コードと
実行結果

OUT
`'メガトンハンマー'`　── itemには取り除かれた要素が代入されている

IN
```
weapon
```

コードと
実行結果

OUT
`['はがねのつるぎ', 'くさりがま']`　── 末尾の要素が取り除かれている

リストの要素数を調べる

len()関数を使うと、リストの要素数を調べることができます。

▶ len()関数

リストの要素の数を返します。

書式	len(リスト)

　len()関数を使うと、2つのリストの要素数の少ない方に合わせて処理を繰り返すことができます。

▼攻撃と反応を繰り返す

```
brave = ['パイソンのこうげき！',    攻撃パターン
          'パイソンは身を守っている',
          'パイソンはにげだした']
mamono = ['魔物たちがはんげきした',   相手のパターン
          'まものたちは身構えている']
# 2つのリストの要素数を調べて少ない方の数をnに代入する
n = min(len(brave), len(mamono))
# 少ない方の要素数に合わせて処理を繰り返す
for i in range(n):
    print (brave[i], mamono[-i-1], sep=' --> ')
```

リストの要素を順番に出力　　リストの末尾要素から順に出力　　区切り文字を指定

○ 実行結果

```
パイソンのこうげき！ --> 魔物たちは身構えている
パイソンは身を守っている --> 魔物たちがはんげきした
```

　今回は、2つのリストの要素に対して繰り返し処理を行うので、それぞれの要素数を調べて、少ない方の要素数を繰り返しの回数としました。

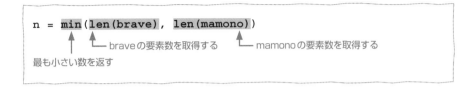

```
n = min(len(brave), len(mamono))
```

braveの要素数を取得する — mamonoの要素数を取得する

最も小さい数を返す

関数　min()

2つ以上の引数の中で最小のものを返します。

書式	min(引数1, 引数2, ...)

▶ print()関数

これまで何度も使用してきた**print()**ですが、改めて構造を確認しておきましょう。

関数　print()

引数として渡したデータをすべて文字列に変換して出力します。

書式		print(出力するデータ, sep=' ', end='¥n')
引数	出力するデータ	カンマ (,) で区切ることで複数の指定が可能です。
	sep=' '	複数のデータを出力する場合の区切り文字を指定します。省略した場合は、区切り文字として半角スペースが出力されます。
	end='¥n'	文字列を出力したあとに出力する文字を指定します。省略した場合は、出力の最後に改行が出力されます。

　これまで、sepオプションとendオプションを省略していましたので、複数のデータを出力する場合は間に半角スペースが入り、出力が終わったところで改行されるようになっていました。

　今回は、「sep=' --> '」を指定しましたので、「出力データ1 --> 出力データ2」のように出力するデータ間に' --> 'が入るようになっています。

リストをいろいろな方法で操作する

　Pythonには、リストを操作するメソッドや関数、演算子が数多く用意されています。順番に見ていきましょう。

▶▶ リストに別のリストの要素を追加する：extend()メソッド

　extend()は、リストに別のリストの要素を追加します。

メソッド　extend()

書式	リスト1.extend(リスト2)

▼リストに別のリストの要素を追加する

```
IN    monster1 = ['スライムン', 'ホイミンスライムン']          コードと
      monster2 = ['はぐれメンタル', 'メンタルキング',           実行結果
                  'バブバブキング']
      monster1.extend(monster2)
      monster1
OUT   ['スライムン', 'ホイミンスライムン', 'はぐれメンタル', 'メンタルキング',
      'バブバブキング']
```

リストはプログラム中で扱うデータを一時的にまとめて保管する用途で使うことが多いので、要素を操作できるメソッドや演算子はとても重宝するのです。

extend() メソッドは、演算子「+=」で置き換えることができます。

```
monster1 += monster2  ◀── monster1.extend(monster2) と同じ結果になる
```

指定した位置に要素を追加する：insert() メソッド

insert() メソッドは、任意の位置に要素を追加します。

メソッド　insert()

書式　　　リスト.insert(インデックス, 要素として追加する値)

▼インデックスで指定した位置に要素を追加する

```
monster = ['スライムン', 'ホイミンスライムン']
monster.insert(1, 'メンタルスライムン')  ── 2番目の位置に
                                              追加する
monster
['スライムン', 'メンタルスライムン', 'ホイミンスライムン']
```

IN / OUT　コードと実行結果

特定の要素を削除する：del演算子

del演算子をブラケット[ ]と組み合わせることで、任意の位置の要素を削除します。

演算子　del

書式　　　del リスト[削除する範囲の先頭のインデックス：最後尾のインデックス]

※先頭のインデックスだけを指定すると、該当の要素が1つ削除されます。

▼インデックスで指定した要素を削除する

```
monster = ['スライムン', 'メンタルスライムン',
'ホイミンスライムン']
del monster[1]  ◀────────── 2番目の要素を削除
monster
['スライムン', 'ホイミンスライムン']
```

IN / OUT　コードと実行結果

01 はじめよう！プログラミング

02 プログラムの材料

03 処理の流れを作ろう

04 いろんなデータを作ろう

05 プログラムの部品を作ろう

06 インターネットにアクセスしてみよう

07 プログラムをもっと工夫しよう

資料

▶▶ 位置がわからない要素を削除する：remove()メソッド

remove()メソッドでは、要素の値を直接指定して削除することができます。

メソッド　remove()

書式　　　リスト.remove(削除する値)

▼値を指定して削除する

```
IN   monster = ['スライムン', 'ホイミンスライムン']
     monster.remove('ホイミンスライムン')
     monster
OUT  ['スライムン']
```

コードと実行結果

▶▶ 要素のインデックスを知る：index()メソッド

index()メソッドは、引数に指定した値と一致する要素のインデックスを返します。

メソッド　index()

書式　　　リスト.index(インデックスを知りたい要素の値)

▼インデックスを調べる

```
IN   monster = ['スライムン', 'メンタルスライムン',
                'ホイミンスライムン']
     monster.index('ホイミンスライムン')
OUT  2  ◀── インデックス
```

コードと実行結果

　演算子の**in**で、指定した値がリストに存在するか調べることができます。存在すれば
True 、そうでなければ False が返されます。

演算子　in

| 書式 | 存在を確かめたい値 in リスト |

▼指定した値がリストにあるか調べる

IN
```
monster = ['スライムン', 'メンタルスライムン',
            'ホイミンスライムン']
            'ホイミンスライムン' in monster
```
コードと
実行結果

OUT
`True` ◀━ 該当する値は存在する

　指定した値がリストにいくつ含まれているかは、**count() メソッド**で調べることができ
ます。

メソッド　count()

| 書式 | リスト.count(いくつ含まれているかを知りたい値) |

▼指定した要素がリストにいくつあるか調べる

IN
```
monster = ['スライムン', 'スライムン',
            'スライムン', 'メンタルスライムン']
monster.count('スライムン')
```
コードと
実行結果

OUT
`3` ◀━ 含まれている数

▶▶ 要素の並べ替え

sort() メソッドで、要素の並べ替えが行えます。

メソッド　sort()

書式	リスト.sort()	（昇順で並べ替え）
書式	リスト.sort(reverse=True)	（降順で並べ替え）

▼リストの要素を並べ替える

```
IN   monster = ['スライムン', 'メンタルスライムン',               コードと
                'ホイミンスライムン', 'エンゼルスライムン']         実行結果
     monster.sort() ◀── 昇順で並べ替え
     monster
OUT  ['エンゼルスライムン', 'スライムン', 'ホイミンスライムン', 'メンタルスライムン']
```

```
IN   n = [5, 3, 0, 4, 1]                                          コードと
     n.sort() ◀── 数値の要素を昇順で並べ替え                       実行結果
     n
OUT  [0, 1, 3, 4, 5]
```

```
IN   n.sort(reverse=True) ◀── 降順で並べ替える                    コードと
     n                                                           実行結果
OUT  [5, 4, 3, 1, 0]
```

　アルファベット、ひらがな、カタカナは、文字コード順で並べ替えるので、abc順、あいうえお順で並べることができます。漢字も文字コード順で並べ替えられますが、あまり意味がないでしょう。

　リストはオブジェクトですので、リスト変数を他の変数に代入すると、オブジェクトの参照情報（**メモリアドレス**）が代入されます。つまり、リスト型のオブジェクトに別の名前を付けたことになります。

▼リストを別の変数に代入する

```
pattern1 = ['たたかう', 'ぼうぎょ']
pattern2 = pattern1
pattern2
['たたかう', 'にげる']
```
IN／OUT　コードと実行結果

```
pattern1[1] = 'ぼうぎょ'──────── aの第2要素を変更する
pattern2
['たたかう', 'ぼうぎょ']
```
IN／OUT　コードと実行結果

　結果を見てみると、リストpattern1に対する操作はリストpattern2にも反映されています。pattern1もpattern2も「同じオブジェクトを参照している」ためです。このような「参照の代入」ではなく、「リストの要素そのもの」のコピーを代入したい場合は、次のいずれかの方法を使います。

・copy()メソッドでコピーして新しいリストを作る
・list()関数の引数にコピーもとのリストを指定して新しいリストを作る
・コピーもとのリストの全要素をスライスして新しいリストを作る

▼リストをコピーして新しいリストを作る

```
pattern1 = ['たたかう', 'ぼうぎょ']
pattern2 = pattern1.copy()  ── pattern1をコピーしてリストpattern2を作成する
pattern3 = list(pattern1)   ── pattern1を引数にしてリストpattern3を作成する
pattern4 = pattern1[:]      ── pattern1のすべての要素をスライスしてリスト
                               pattern4を作成する
```

リストのリスト

リストの要素には、リストを含めることができます。

▼リストのリスト（インタラクティブシェルで実行）

コードと
実行結果

```
                                                      1つ目のリスト
monster1 = ['あばれるうしくん', 'サーベルきつつき', 'ぼっちうしくん']
monster2 = ['おおさそり', 'おおなめくじ', 'さそりぼっち'] ── 2つ目のリスト
all_monsters = [monster1, monster2] ─────── 2つのリストを要素にする
all_monsters ── リストの要素を持つリストを出力
[['あばれるうしくん', 'サーベルきつつき', 'ぼっちうしくん'],
 ['おおさそり', 'おおなめくじ', 'さそりぼっち']] ── 見やすいように改行しています
```

コードと
実行結果

```
all_monsters[0] ── 第1要素のリストを出力①
['あばれるうしくん', 'サーベルきつつき', 'ぼっちうしくん']
```

コードと
実行結果

```
all_monsters[1][0] ── 第2要素のリストの先頭要素を出力②
'おおさそり'
```

①のように、要素がリストである場合はインデックスで参照すると、リストそのものが参照されます。

```
all_monsters[0] ◀── 先頭要素のリストを参照
```

②のように、要素であるリストの要素を参照する場合は、2個のインデックスを使います。

```
all_monsters[1][0]
              ↑  ↑── 第2要素のリストの先頭要素を参照
       第2要素のリストを参照
```

リストの中に要素製造装置を入れる(内包表記)

リストの中に、1から5までの整数を追加する場合を考えてみましょう。append()メソッドで1つずつ追加するのでは面倒なので、forを使うことにします。

▼forステートメントを使う

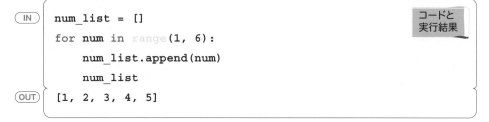

```
num_list = []
for num in range(1, 6):
    num_list.append(num)
    num_list
```

```
[1, 2, 3, 4, 5]
```

range()関数の戻り値を使ってリストを作れば、もっと簡単です。

▼rangeオブジェクトをリストに変換する

```
num_list = list(range(1, 6))
num_list
```

```
[1, 2, 3, 4, 5]
```

さらに簡単に書く方法があります。**リスト内包表記**です。

▶ リスト内包表記

書式

```
[変数 for in以下から取り出した値を代入する変数 in イテレート可能なオブジェクト]
```

先ほどのコードをリスト内包表記にすると次のようになります。

▼リスト内包表記で要素を追加する

```
num_list = [num for num in range(1, 6)]
num_list
```

```
[1, 2, 3, 4, 5]
```

リスト内容表記の先頭の変数は、リストに代入する値のための変数です。forのあとの変数にはforの1回ごとの繰り返しにおいて、in以下のオブジェクトから取り出された値が代入されます。次のように書くと、変数nに代入されている1が計5回、リスト要素として追加されることになります。

▼リスト内包表記の2つの変数が異なる場合

```
n = 1
num_list = [n for num in range(1, 6)]
num_list
```

OUT

```
[1, 1, 1, 1, 1]   ←── 5つの要素の値はすべて「1」
```

コードと
実行結果

このため、range()関数が返す1〜5の値をリスト要素にするには、内包表記の2つの変数を同じものにしておく必要があります。一方、次のように書くと、range()関数が返す値を変更してからリストの要素にすることができます。

▼リスト内容表記の先頭の変数で値を加工する

IN

```
num_list = [num-1 for num in range(1, 6)]
num_list
```

コードと
実行結果

OUT

```
[0, 1, 2, 3, 4]   ── 各要素は−1された値になっている
```

あと、リスト内包表記では、forの中にifを入れ子の状態にすることができます。そうすると、奇数だけをリストに追加する、といった使い方ができます。

▼1〜5の範囲の奇数だけをリストに追加する

IN

```
num_list = [num for num in range(1, 6) if num % 2 == 1]
num_list
```

OUT

```
[1, 3, 5]
```

コードと
実行結果

「変更不可」のデータを一括管理する(タプル)

一度セットした要素を書き換えられない (イミュータブルな) リストがあります。これを**タプル**と呼びます。

タプルは要素の値を変更できない

Section 04の「イテレーション」(本文128ページ) で作成したプログラムをタプルに書き換えたのが、以下のコードです。

▼タプルの要素を処理する

(IN)

```
        ┌── spellはタプル                              コード
        ▼
spell = ('ベギラママン', 'イオナズズズン', 'ヒャダルカ', 'バギママ')
for attack in spell:
    print(attack + 'の呪文をとなえた！')
```

○ 実行結果

(OUT)
```
ベギラママンの呪文をとなえた！
イオナズズズンの呪文をとなえた！
ヒャダルカの呪文をとなえた！
バギママの呪文をとなえた！
```

実行結果はリストのときとまったく同じですが、spellはタプルなので中身の要素を書き換えることはできません。要素の数を調べたりすることはできますが、リストのように要素の追加や削除はできません。

○ タプルの特徴

・要素が書き換えられることがないのでリストよりパフォーマンスの点で有利
・要素の値を誤って書き換える危険がない
・関数やメソッドの引数は実はタプルとして渡されている
・辞書 (このあとで紹介) のキーとして使える

01 はじめよう！
プログラミング

02 プログラムの
基礎

03 処理の流れを
作ろう

04 いろんなデータ
を作ろう

05 プログラムの
部品を作ろう

06 インターネットに
アクセスしよう

07 プログラム集
自由にいじろう

資料

▶▶ タプルの作り方と使い方

タプルは、( )の中で各要素をカンマで区切って書くことで作成します。なお、( )を省略して直接、要素を書いても作成できます。

▶ タプルを作成する2つの方法

```
変数 = (要素1, 要素2, ...)                          書式
変数 = 要素1, 要素2, ...
```

次のように書くと、タプルの要素をそれぞれ専用の変数に代入することができます。

▼タプルの要素を変数に代入する
コードと
実行結果

IN
```
spell = ('ベギラママン', 'イオナズズズン', 'ヒャダルカ', 'バギママ')
a, b, c, d = spell ──────── 先頭の要素から順に変数a、b、c、dに代入する
a
```
OUT
```
'ベギラママン'
```

IN
```
b
```
OUT
```
'イオナズズズン'
```
コードと
実行結果

IN
```
c
```
OUT
```
'ヒャダルカ'
```
コードと
実行結果

IN
```
d
```
OUT
```
'バギママ'
```
コードと
実行結果

キーと値のペアでデータを管理する(辞書、集合)

辞書は、キー(名前)と値のペアを要素として管理できるデータ型です。リストやタプルがインデックスを使って要素を参照するのに対し、辞書はキーを使って要素を参照します。

辞書(dict)型

リストやタプルでは要素の並び順が決まっていて、インデックスを使って参照します。これに対し、「辞書」と呼ばれるデータ型は、要素に付けた名前(キー)を使って参照します。

▶ 辞書の作成

```
変数 = { キー1 : 値1, キー2 : 値2, ...}                    書式
```

「キー : 値」が辞書の1つの要素になります。キーに使うのは、文字列でも数値でも何でも構いません。「'今日の昼ごはん' : 'うどん'」を要素にすると、'今日の昼ごはん'で'うどん'を検索する、といったまさに辞書的な使い方ができます。

なお、辞書の要素は書き換え可能(**ミュータブル**)ですが、キーだけの変更はできません(キーは**イミュータブル**)。変更する場合は要素(キー:値)ごと削除して、新しい要素を追加することになります。

▶▶ 辞書の作成

まずは辞書を作成してみましょう。

▼辞書を作成する

```
IN    menu = {'朝食' : 'シリアル',                      コードと
              '昼食' : '牛丼',                          実行結果
              '夕食' : 'トマトのパスタ' }
      menu
OUT   {'昼食': '牛丼', '朝食': 'シリアル', '夕食': 'トマトのパスタ'}
```

　ご覧のように、辞書にはリストと違って「順序」という概念がありません。どのキーとどの値のペアかという情報のみが保持されています。なお、入力例では要素ごとに改行して入力していますが、もちろん続けて書いても構いません。

辞書に登録した要素を参照するには、リストと同じようにブラケット[ ]を使います。

▶ 辞書の要素を参照する

```
辞書 [登録済みのキー]                                    書式
```

▼先のコードの次のセルに入力

```
menu['朝食']                                   コードと
'シリアル'                                      実行結果
```

では、作成した辞書に新しい要素を追加してみましょう。

▶ 辞書に要素を追加する

```
辞書 [キー] = 値                                        書式
```

▼要素を追加する（先のコードの次のセルに入力）

```
menu['おやつ'] = 'ドーナツ'                      コードと
menu                                            実行結果
{'昼食': '牛丼', '朝食': 'シリアル', 'おやつ': 'ドーナツ',
 '夕食': 'トマトのパスタ'}
                              ↑
                         追加された要素
```

　辞書の要素の順番は固定されないので、プログラムを実行するタイミングによって並び順はバラバラです。しかし、キーを指定すれば値を参照できるので、並び順は重要ではないのです。では、キーを指定して登録済みの値を変更してみましょう。

▶ 辞書の要素の値を変更する

> 辞書 [登録済みのキー] = 値　　　　　　　　　　　　　書式

▼登録済みの値を変更する

IN
```
menu['おやつ'] = 'いちご大福'
menu
```
コードと
実行結果

OUT
```
{'昼食': '牛丼', '朝食': 'シリアル', 'おやつ': 'いちご大福',
 '夕食': 'トマトのパスタ'}
```

▶▶ **要素の削除**

今日のおやつはなしにしたい場合は、**del演算子**を使って要素ごと削除します。

演算子　del

書式　　　del 辞書[削除する要素のキー]

▼指定した要素を削除する

IN
```
del menu['おやつ']
menu
```
コードと
実行結果

OUT
```
{'昼食': '牛丼', '朝食': 'シリアル', '夕食': 'トマトのパスタ'}
```
　　　　　　　　　　　　　↑
　　　　　　　'おやつ'はなくなりました

イテレーションアクセス

辞書の要素は、forを使って**イテレート**（反復処理）できます。

すべてのキーを取得する

辞書そのものをforでイテレートすると、要素のキーのみが取り出されます。

▶ 辞書のキーをイテレートする

```
for キーを代入する変数 in 辞書:          書式
    繰り返す処理 ...
```

▼ キーをイテレートして列挙する

```
slime = { 'スライムン' : '青色で、すべてのスライムンの基本体',          コード
          'メタルスライムン' : '金属の身体を持つ銀色のスライムン',
          'メルトンスライムン' : '不定形で泡立っているスライムン' }


for key in slime:
    print(key)
```

○ 実行結果

```
スライムン
メタルスライムン
メルトンスライムン
```

keys() というメソッドを使うと、辞書のキーをまとめて取得できます。

メソッド　keys()

辞書のすべてのキーをリストの要素にして返します。

書式　　　辞書.keys()

```
IN    lst = slime.keys()  ―― すべてのキーを要素にしたリストを取得する   コード
OUT   print(lst)
```

○ 実行結果

```
dict_keys(['メルトンスライムン', 'スライムン', 'メタルスライムン'])
```

　dict_keys()のカッコの中にキーが表示されていますが、これは辞書のキーであることを示しているだけで、変数lstにはリストが代入されています。

　ちなみにリストはイテレート可能なオブジェクトですので、次のようにforでキーを1つずつ取り出すことができます。

▶ keys() メソッドを使って辞書のキーをイテレートする

```
for キーを代入する変数 in 辞書.keys():           書式
    繰り返す処理...
```

▼keys() メソッドが返すキーのリストから1つずつ取り出す (先のセルの次のセルに入力)

```
IN    for key in slime.keys():                    コード
          print(key)
```

○ 実行結果

```
OUT   スライムン
      メタルスライムン
      メルトンスライムン
```

　辞書そのものをforでイテレートした場合と同じ結果になりました。すべてのキーをまとめて取得したい場合はkeys() メソッド、1つずつ取り出して何らかの処理をしたい場合は辞書そのものをイテレートするかkeys() メソッドが返すリストをイテレートする、といった使い分けをします。

01 はじめよう！プログラミング

02 プログラムの基礎

03 魔法の流れを使おう

04 いろんなデータをを使おう

05 プログラムの部品化しよう

06 システムとアンサンブルする

07 ゲームプログラムを作ってみよう

資料

▶▶ 辞書の値だけを取得する

辞書の値は、**values() メソッド**でまとめて取得できます。

メソッド values()

辞書のすべての値をリストの要素として返します。

▼辞書のすべての値をリストとして取得する（前回の次のセルに入力）

```
vlst = slime.values()
print(vlst)
```
(IN) コード

○ 実行結果

(OUT)
```
dict_values(
    ['青色で、すべてのスライムンの基本体', '不定形で泡立っているスライムン',
    '金属の身体を持つ銀色のスライムン'])    ◀── 実際の出力は1行で行われます
```

values()の戻り値のリストをforでイテレートしてみましょう。

▶ 辞書の値をイテレートする

```
for 値を代入する変数 in 辞書.values():
```
書式

▼辞書のすべての値を取得する（次のセルに入力）

```
for value in slime.values():
    print(value)
```
(IN) コード

○ 実行結果

(OUT)
```
金属の身体を持つ銀色のスライムン
不定形で泡立っているスライムン
青色で、すべてのスライムンの基本体
```

items()メソッドで、キーと値のすべてのペアを取得できます。

メソッド items()

辞書のすべての要素のキーと値のペアをタプルにして、これをまとめたリストを返します。

辞書の中身をそのまま取得すると辞書のコピーになりますので、items()はキーと値のペアを1つのオブジェクト（タプル）にして、これをリストの要素にして返してきます。

▼辞書の要素をすべて取得（次のセルに入力）

```
ilst = slime.items()
print(ilst)
```
コード

○ 実行結果

```
dict_items([('スライムン', '青色で、すべてのスライムンの基本体'), ('メタルスライムン', '金属の身体を持つ銀色のスライムン'), ('メルトンスライムン', '不定形で泡立っているスライムン')])
```

辞書の要素であることを示すためにdict_items()の()の中に出力されていますが、その中身はタプルのリストです。リストの部分だけを見てみると次のようになっていることがわかります。

```
[    ◀── リストの始まり
    ('スライムン',  '青色で、すべてのスライムンの基本体'),
    ('メタルスライムン',  '金属の身体を持つ銀色のスライムン'),
    ('メルトンスライムン',  '不定形で泡立っているスライムン')
]    ◀── リストの終わり
```
コード

こんなふうに辞書の要素がタプルになりますので、forでイテレートすることで、タプルからキーと値を別々に取り出していろんな処理が行えます。

01 はじめよう プログラミング

02 プログラムの 材料

03 処理の流れを 作ろう

04 いろんなデータ を作ろう

05 プログラムの 流れをつくろう

06 メンテナンスに 強くなろう

07 プログラムを じっくり

資料

▶ 辞書のキーと値をイテレートする

```
for キーを代入する変数, 値を代入する変数 in 辞書.items():
    処理...
```
書式

▼辞書のキーと値をイテレートする（次のセルに入力）

IN
```
for key, value in slime.items():
    print(
        '「{}」は{}なのです。'.format(key, value))
```
コード

○ 実行結果

OUT

「スライムン」は青色で、すべてのスライムンの基本体なのです。
「メルトンスライムン」は不定形で泡立っているスライムンなのです。
「メタルスライムン」は金属の身体を持つ銀色のスライムンなのです。

辞書に使えるメソッドや関数

辞書（dict型オブジェクト）では、これまでに紹介したメソッドのほかに、次のメソッドや関数が使えます。

▶▶2要素のシーケンスを辞書に変換する：dict()関数

dict()関数を使うと、2要素のシーケンスであれば辞書に変換できます。次は2要素のリストやタプルから辞書に変換する例です。

▼リストを辞書にする

IN
```
seq = [['メタル', 'スライムン'],
       ['ホイミン', 'スライムン'],
       ['エレキ', 'スライムン']]
dict(seq)
```
コードと
実行結果

OUT
```
{'メタル': 'スライムン', 'ホイミン': 'スライムン', 'エレキ': 'スライムン'}
```

辞書に辞書を追加する：update()メソッド

update()メソッドで、辞書のキーと値を別の辞書にコピーすることができます。なお、追加される方の辞書に追加する辞書と同じキーがある場合は、追加した辞書の値で上書きされます。

▼辞書に辞書を追加

IN

```
jumon = {
'こうげき呪文' : ['メラメラゾー', 'ベギラママン', 'イオナズズズン'],
'こうげきほじょ呪文' : ['メラ', 'ベギ', 'イオナ'],
'ほじょ呪文' : ['ラリホイ', 'ルカタン', 'マホマホ'] }
add = {
'かいふく呪文' : ['ホイミン', 'キアリン', 'ザメハハ'],
'いどう呪文' : ['ベーラ', 'リレミテ', 'ラナルンルン'] }
jumon.update(add)
jumon
```

コードと
実行結果

OUT

```
{'かいふく呪文': ['ホイミン', 'キアリン', 'ザメハハ'],
'いどう呪文': ['ベーラ', 'リレミテ', 'ラナルンルン'],
'こうげき呪文': ['メラメラゾー', 'ベギラママン', 'イオナズズズン'],
'ほじょ呪文': ['ラリホイ', 'ルカタン', 'マホマホ'],
'こうげきほじょ呪文': ['メラ', 'ベギ', 'イオナ']}
```

辞書の要素をまるごとコピーする：copy()メソッド

copy()メソッドで、辞書の要素をまとめてコピーできます。参照ではなくオブジェクトそのものがコピーされます。

▼辞書のコピー（先のセルの次のセルに入力）

IN

```
new = add.copy()
new
```

コードと
実行結果

OUT

```
{'かいふく呪文': ['ホイミン', 'キアリン', 'ザメハハ'],
'いどう呪文': ['ベーラ', 'リレミテ', 'ラナルンルン']}
```

01 はじめよう！
プログラミング

02 プログラムの
材料

03 処理の流れを
作ろう

04 いろんなデータ
を作ろう

05 プログラムの
部品を作ろう

06 シーケンスを
もっと使おう

07 プログラムを
作ってみよう

資料

▶▶ 要素の削除：del演算子

del演算子でキーを指定すると、対象の要素が削除されます。先のnewから'いどう呪文'のキーとその値を削除してみましょう。

▼キーを指定して要素を削除する（先のセルの次のセルに入力）

```
IN    del new['いどう呪文']
      new
OUT   {'かいふく呪文'：['ホイミン', 'キアリン', 'ザメハハ']}
```

コードと
実行結果

▶▶ すべての要素を削除する：clear()メソッド

clear()で辞書からすべてのキーと値を削除できます。

▼辞書のすべての要素を削除（次のセルに入力）

```
IN    new.clear()
      new
OUT   {} ── 辞書の中身は空
```

コードと
実行結果

dict()	……2要素のシーケンスを辞書に変換する
辞書.update(辞書)	……引数に指定した辞書の要素を辞書に追加する
辞書.copy()	……辞書のコピーを返す
del 辞書['キー']	……辞書の要素を削除する
辞書.clear()	……辞書のすべての要素を削除する

Section 07 複数のシーケンスの イテレート

複数のリスト、あるいは複数のタプルに対して同時にイテレートしたい
場合は、zip()関数を使うと便利です。この関数は、複数のシーケンス要
素を集めたタプル型のイテレーターを作ります。

3つのリストをまとめてイテレートする

冒頭で**zip()関数**は「複数のシーケンス要素を集めたタプル型のイテレーターを作ります」とお話ししました。イテレートとは、繰り返すという意味で、これを処理するのがイテレーターです。

関数　zip()

引数に指定した複数のイテレート可能なオブジェクトを同時にイテレートするためのタプル型のオブジェクトを作成します。

書式	zip(イテレートするオブジェクト, ...)

複数のイテレート可能なオブジェクト (リストやタプルなど) から同時に要素を1つずつ取り出してくれるみたいです。何はともあれ、プログラムを作って試してみましょう。

▼3つのリストをまとめてイテレートする

IN

```
monster = ['スライムン', 'あばれるうしくん', 'ヒドイ']              コード
attack = ['ロロのつるぎ', 'いなずまのけん', 'おうじゃのつるぎ']
fight_back = ['はんげき', 'ぼうぎょ', 'とうそう']

for mst, atc, fb in zip(monster, attack, fight_back):
    print(
        mst + 'があらわれた！¥n',
        '>>>勇者は{}をふりかざした！'.format(atc) + '¥n',
        '>>>{}が{}した！'.format(mst, fb)
    )
```

○ 実行結果

スライムンがあらわれた！
>>>勇者はロロのつるぎをふりかざした!
>>>スライムンがはんげきした!
あばれるうしくんがあらわれた！
>>>勇者はいなずまのけんをふりかざした!
>>>あばれるうしくんがぼうぎょした!
ヒドイがあらわれた！
>>>勇者はおうじゃのつるぎをふりかざした!
>>>ヒドイがとうそうした!

3つのリストをイテレートする仕組み

forではinのあとに「イテレート可能なオブジェクト」を指定します。ここでは、zip(monster, attack, fight_back)を指定しました。そうすると、3つのリストの要素を1つずつ格納したタプルが戻り値として返されます。

▼zip()関数が返すタプルの中身

```
for mst, atc, fb in zip(monster, attack, fight_back):
```

コード

forの処理	zip()関数の戻り値	
1回目	('スライムン', 'ロロのつるぎ', 'はんげき')	➡mst、atc、fbに代入される
2回目	('あばれるうしくん', 'いなずまのけん', 'ぼうぎょ')	➡mst、atc、fbに代入される
3回目	('ヒドイ', 'おうじゃのつるぎ', 'とうそう')	➡mst、atc、fbに代入される

一方、forのあとにはmst、atc、fbの3つの変数があります。そうすると、上図の1回目の処理にある('スライムン', 'ロロのつるぎ', 'はんげき')の1つ目の要素から順にmst、atc、fbに代入されます。

zip()関数によるイテレートは、最もサイズが小さいシーケンスの要素を処理した時点で止まります。これよりも大きいサイズのシーケンス（要素）がある場合は、残りの要素は処理されません。

2つのリストの各要素をタプルにまとめたリストを作る

zip()関数を使えば、2つのリストの各要素をタプルにまとめ、さらにこれをリストの要素としてまとめることができます。

▼2つのリストからタプル→リストにする

IN
```
magic  = ['ホイミンの呪文', 'ベーラ', 'リレミテ']
effect = [ 'HPを回復させる',
            '過去に行った町や村に移動する',
            'ダンジョンの中から脱出する']
ls = list( zip(magic, effect) )
print(ls)
```
コード

○ 実行結果 (実際は1行で出力されますが、見やすいように改行しています)

OUT
```
[('ホイミンの呪文', 'HPを回復させる'),
 ('ベーラ', '過去に行った町や村に移動する'),
 ('リレミテ', 'ダンジョンの中から脱出する')]
```

zip()で生成されたイテレーターを1つのリストにまとめてみました。リスト中にそれぞれの要素のタプルが格納されています。

2つのリストから辞書を作る

先の例ではリストを作りましたが、同じような方法で2つのリストの一方の要素をキー、もう一方のリストの要素を値にした辞書を作ることができます。

▼2つのリストから辞書を作る

IN
```
magic  = ['ホイミンの呪文', 'ベーラ', 'リレミテ']
effect = [ 'HPを回復させる',
            '過去に行った町や村に移動する',
            'ダンジョンの中から脱出する']
dc = dict( zip(magic, effect) )
print(dc)
```
コード

01 はじめよう！プログラミング
02 プログラムの基礎
03 処理の流れを作ろう
04 いろんなデータを扱おう
05 プログラムの流れを作ろう
06 インターネットにつないでみよう
07 プログラムを作ってみよう
資料

○ 実行結果（実際は1行で出力されますが見やすいように改行しています）

OUT

{'ベーラ': '過去に行った町や村に移動する',
　'リレミテ': 'ダンジョンの中から脱出する',
　'ホイミンの呪文': 'HPを回復させる'}

magicの要素をキー、effectの要素を値にした辞書が作成されています。

辞書の内包表記でイテレートする

辞書も内包表記を利用して作成できます。

▶ 辞書の内包表記

```
{キー ： 値 for 変数 in イテレート可能なオブジェクト}
```
書式

2つのリストを内包表記を使って辞書にしてみましょう。

▼ 内包表記を使って2つのリストを辞書にする

IN

```
magic  = ['ホイミンの呪文', 'ベーラ', 'リレミテ']
effect = [ 'HPを回復させる',
           '過去に行った町や村に移動する',
           'ダンジョンの中から脱出する']
dc = {i : j for (i, j) in zip(magic, effect)}
print(dc)
```

> 辞書の要素は、並びの順番が保証されていません。このため、要素を出力すると、作成したときと異なる順番で表示されることがよくあります。

forループ1回ごとにリストの要素が(i, j)の各変数に格納され、最後に「キー：値」を表すi：jにセットされ、辞書の要素として格納されます。

要素の重複を許さない集合

似たような型が続いてちょっとうんざりしてしまいますが、最後に1つ。
集合（set型）は、リストやタプルと同様に複数のデータを1つにまとめるデータ型です。ただし、「重複した要素を持たない」という決定的な違いがあります。

まずは集合を作ってみる

集合は、辞書と同じように{ }の中で要素をカンマで区切ることで作成します。書式を見るとわかりますが、辞書のキーだけを要素にするのが集合です。

▶ 集合の作成

```
{ 要素1, 要素2, ... }
```
書式

▶ set()関数で作成

```
set ( リストまたはタプル、文字列 )
```
書式

▼ 集合の作成例（インタラクティブシェル）

```
IN  month = { '1月', '2月', '3月', '4月', '5月' }
    month
OUT {'1月', '3月', '2月', '5月', '4月'}
```
コードと実行結果

```
IN  set(['Dragon', 'Quest'])  ── リストから集合を作成
OUT {'Quest', 'Dragon'}
```
コードと実行結果

```
IN  set( ('Dragon', 'Quest') )  ── タプルから集合を作成
OUT {'Quest', 'Dragon'}
```
コードと実行結果

01 はじめよう！
プログラミング

02 プログラムの
材料

03 規則の流れを
作ろう

04 いろんなデータ
を作ろう

05 プログラムの
部品を作ろう

06 インターネットに
アクセスしてみよう

07 プログラムを
スクリプトにしよう

資料

```
IN   set ( {'リレミテ'：'ダンジョンの中から脱出する',          コードと
             'ホイミンの呪文'：'HPを回復させる' })  ── 辞書から集合を作成   実行結果
OUT  {'ホイミンの呪文', 'リレミテ'}
```

set()の引数を辞書にすると、キーだけが集合の要素になります。

▶▶ 集合を使って重複した要素を削除する

集合は、「宛先リストから重複したメールアドレスを除きたい」というように、リストやタプルの要素から重複したものを取り除きたい場合に役に立ちます。

▼リストから重複したデータを取り除く

```
IN   data = ['日本', 'アメリカ', 'ロシア' ,'アメリカ',           コードと
             'ロシア']                                           実行結果
     data_set = set(data)   ◀── 重複した要素を取り除いて集合を作る
     data_set
OUT  {'ロシア', '日本', 'アメリカ'}
```

それから、集合から集合を「−」で引き算すると、「引かれた方の集合の中で、重複して存在しない要素だけの集合」が返されます。また、「&」で演算すると、「重複している要素だけの集合」が返されます。

▼「−」と「&」で演算する

```
IN   data1 = { '日本', 'アメリカ', 'イギリス' }              コードと
     data2 = { '日本', 'アメリカ', 'フランス' }              実行結果
     data3 = { '日本', 'アメリカ', 'イタリア' }
     data1 - data2
OUT  {'イギリス'}  ── data1の重複していない要素だけの集合が返される
```

```
IN   data1 & data2                                            コードと
OUT  {'日本', 'アメリカ'}  ── data1とdata2で共通のデータだけの集合が返される   実行結果
```

union()メソッドは重複した要素を除いて1つの集合を作る**ユニオン**という処理を行い、**intersection()メソッド**は重複している要素だけで1つの集合を作る**インターセクション**という処理を行います。

▼ユニオンとインターセクション

```
IN    data1.union(data2, data3) ── 重複した要素を除いた集合を作る
OUT   {'イギリス','フランス','イタリア','アメリカ','日本'}
```
コードと
実行結果

```
IN    data1.intersection(data2, data3) ──── 重複している要素だけで集合を作る
OUT   {'アメリカ','日本'}
```
コードと
実行結果

COLUMN

特定の文字を間に入れて文字列同士を連結する：join()メソッド

join()メソッドは、リストの中に格納された個々の文字列を連結して1つの文字列にまとめます。「Section」03（本文117ページ）で紹介したsplit()は、セパレーターで文字列を分割し、それをリストの中に1つずつ格納しました。これに対してjoin()は、リストの中の個々の文字列を連結して1つにするというわけです。

▼join()メソッド

間に挟む文字列.join(文字列リスト)   書式

「間に挟む文字列に対してjoin(リスト)のリスト内の文字列を連結する」という意味になります。間に挟む文字として「＝」を指定すれば、「文字列＝文字列＝文字列」のように＝に対してリスト内の文字列が次々に連結されます。「¥n」を指定した場合は、改行文字を間に挟んで連結されます。この方法を使えば、文字列の中の不要なスペースや文字を取り除いて文字列を再構築する、といったことができます。

では、split()によりセパレーターで分割したリストをjoin()で連結するまでを通してやってみましょう。

▼split()で分割したリストをjoin()で1つの文字列にまとめる

```
IN    sentence = '僕の　名前は　ハイソン　といいます'
      list = sentence.split('　')     ←── ①全角スペースをセパレーター
                                          にして分割し、listに格納する
      join = '¥n'.join(list)          ←── ②リストに格納されている
      print(join)                         分割された文字列を連結
                                          変数joinを出力
OUT   僕の
      名前は
      ハイソン
      といいます
```

①のところでは、split()メソッドで分割した文字列をlistに格納しています。この場合のlistは、普通の変数ではなく、リスト型の変数になり、分割した複数個の文字列を格納しています。

▼listの中はこんなふうになっています

```
list = ['僕の', '名前は', 'ハイソン', 'といいます']
```

②では、listに格納されている文字列を、「¥n」を間に入れて1つに連結して、変数joinに格納しています。1つの文字列を格納していますので、joinは普通の文字列型の変数です。で、最後にprint()で出力すると、間に入った¥nによって改行されるという結果になっています。

改行や他の文字を間に入れずに、まったく1つの文字列として連結するなら、クォートを2つ続けた空文字「"」を指定すれば、連続した文字列になります。

▼間に何も入れずに連結する

```
IN    join2 = ''.join(list)     ←── 間に入れる文字を空文字にする
      print(join2)
OUT   僕の名前はハイソンといいます     ←── リストの中身が連続して連結された
```

practice 練習問題 解答は308ページ

1 エスケープシーケンス - 難易度★★

エスケープシーケンスとは何のためのものなのかを述べてください。

▶▶ヒント：本文108〜111ページ参照

2 リストとタプル - 難易度★★★

リストの用途と、その作り方を答えてください。

▶▶ヒント：本文123〜124ページ参照

3 辞書 - 難易度★★★★

辞書の用途と、その作り方を答えてください。

▶▶ヒント：本文144〜145ページ参照

Chapter 5

プログラムの装置を
作ろう

　これまでに「オブジェクト」というものが何度も出てきました。「Pythonではプログラムに必要な要素をすべてオブジェクトとして扱う」ことを前にお話ししたかと思います。なので、「Python」という文字列も「100」という数値もすべてオブジェクトです。厳密にいえば、'Python'はstr型のオブジェクト、100はint型のオブジェクトです。

　この章では、「独自のクラスを作る」ことを中心に、オブジェクトのことを学んでいきます。独自のクラスですから、開発者が好きなように、プログラム的に許されるものならどんなものでも作ることができます。そうやって作った独自のクラスからは独自のオブジェクトが作られます。ですが、str型やint型のように、プログラミング上必要なクラスはすでに用意されています。はたして、独自のクラスを作ることにどんな意味があるのか、何がウレシイのか疑問を持ちつつ、先へ進みましょう。

やりたい処理が決まったら コードをまとめておこう （関数の作成）

いつも決まった処理をするなら、処理を行うコードをまとめて「関数」にしてしまう、という手があります。これまでにprint()などの関数を使ってきましたが、今回は「オリジナルの関数を作ってみよう」というお話です。

オリジナルの「関数」を作成する

　これまでのソースコードは、処理の順番どおりに書いてきました。処理ごとにコードを並べた小さな断片の集まりともいえるものです。その場限りの処理ならこれでよいのですが、同じ処理をプログラムのあちこちで行うような場合は、同じコードをタイプするのは効率的ではありませんよね。そこで、一連の処理を行うコードを1つのブロックとして、これに名前を付けて管理できるようにしたのが**関数**です。関数は「名前の付いたコードブロック」なので、ソースファイルのどこにでも書くことができます。

関数とメソッドは、どちらも「ある処理に名前を付けたもの」ですが、関数は「関数名()」と書いて単独で実行できるのに対し、メソッドは「オブジェクト.メソッド名()」のようにオブジェクトから呼び出すという違いがあります。

ただし、同じソースファイルの中から呼び出して使う場合は、呼び出しを行うソースコードよりも前（上位の行）に書いておく必要があります。

関数に似た仕組みとしてメソッドがありますが、構造自体はどちらも同じものなので、書き方のルールも同じです。

処理だけを行う関数

関数を作成するには、defキーワードに続けて関数名を書き、そのあとに()を付けて最後にコロン（:）を付けます。改行してインデント（タブ）を入れてから処理コードを書き始めます。インデントしてある範囲が関数のコードとして扱われるので、改行して何行でもコードを書くことができます。このようにして関数を作ることを**関数の定義**と呼びます。関数の定義は、次のようにして行います。

▶ 関数の定義（処理だけを行うもの）

```
def 関数名():                                              書式
    [Tab] 処理
    [Tab] ...
```

最もシンプルなパターンの関数です。呼び出すと、関数の中に書いてある処理だけを実行します。

ワンポイント　関数名の先頭は英字か_（アンダースコア）でなければならず、英字、数字、_以外の文字は使えません。

▶▶ 呼び出したら処理だけを行う関数を作ってみよう

例として、あらかじめ設定しておいた文字列を画面に出力する関数を定義してみることにしましょう。

▼呼び出されると何らかの文字列を出力する関数

```
def appear():                                             コード
    print('はぐれメンタルがあらわれた！')
```

01 はじめよう！プログラミング
02 プログラムの材料
03 処理の流れを作ろう
04 いろんなデータを操作しよう
05 プログラムの装置を作ろう
06 メンバーを作ってプログラムしてみよう
07 プログラムをまとめてみよう
資料

```
appear ()  # 関数を呼び出す                                    コード
```

○ 実行結果

```
はぐれメンタルがあらわれた！
```

引数を受け取る関数

　おなじみのprint()関数は、カッコの中に書かれている文字列を画面に出力します。このとき、カッコの中に書いた文字列のことを**引数**と呼ぶのでした。一方、関数側では、引数として渡されたデータを**パラメーター**というものを使って受け取ります。

▶ 関数の定義（引数を受け取って処理を行うもの）

```
def 関数名 (パラメーター) :                                    書式
[Tab] 処理
[Tab] ...
```

▶▶ パラメーターを持つ関数を定義してみる

　パラメーターは、引数を受け取る（代入する）ための変数です。カンマ (,) で区切ることで複数のパラメーターを設定することができます。

▼引数を2つ受け取る関数

```
# 2個のパラメーターを持つ関数                                   コード
def appear(m1, m2):
    result = '{}と{}があらわれた！'.format(m1, m2)
    print(result)
```

```
# 引数を2個設定して関数を呼び出す                               コード
appear('はぐれメンタル', 'シッシドッグ')
```

○ 実行結果

> はぐれメンタルとシッシドッグがあらわれた！

関数を呼び出すときの引数は「書いた順番」でパラメーターに渡されます。

▼関数を呼び出したときに引数がパラメーターに渡される様子

```
appear('はぐれメンタル', 'シッシドッグ')     ◀── 関数の呼び出し


def appear(m1, m2):
    result = '{}と{}があらわれた！'.format(m1, m2)
    print(result)
```

　このことから「appear('シッシドッグ', 'はぐれメンタル')」のように順序を逆にすると、結果は「シッシドッグとはぐれメンタルがあらわれた！」のように変わります。

戻り値を返す関数

　リストやタプルなどのデータを扱う際に、呼び出すと何かの値を返してくれる関数やメソッドがありました。これらはすべて、処理結果を**戻り値**として返すようになっています。

▶ 関数の定義（処理結果を戻り値として返すもの）

書式

```
def 関数名 (パラメーター) :
[Tab] 処理
[Tab] ...
[Tab] return 戻り値
```

▶▶ 戻り値を返す関数を定義してみる

　関数の処理の最後の「return 戻り値」の部分で、処理した結果を呼び出しもとに返します。戻り値には文字列や数値などのリテラルを直接、設定することもできますが、多くの場合、関数内で使われている変数を設定します。何かの処理結果を変数に代入しておき、これをreturnで返す、という使い方が一般的です。

▼戻り値を返す関数

```
# 戻り値を返す関数                                          コード

def appear(m1, m2):
    result = '{}と{}があらわれた！'.format(m1, m2)
    return result
```

```
# 関数を呼び出して戻り値を取得する                            コード

show = appear('はぐれメンタル', 'シッシドッグ')
print(show)
```

○ 実行結果

```
はぐれメンタルとシッシドッグがあらわれた！
```

　戻り値を返す関数を呼び出す場合は、戻り値を受け取る変数を用意します。そうすると、次のような流れで戻り値が返ってきます。

▼関数を呼び出したときの処理の流れ

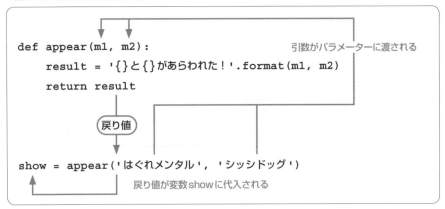

Section 02 オブジェクト製造装置（クラス）

これまでにint型やstr型、さらにリストやタプルなどのデータ型を使ってきました。ここでは、これらのデータ型のもとになっている「クラス」というものについて見ていきたいと思います。

プログラムを作るためのプログラム（クラス）

これまで文字列や数値などのデータは、Pythonでは「オブジェクト」として扱うと説明してきました。Pythonは「オブジェクト指向」のプログラミング言語なので、プログラムで扱うすべてのデータをオブジェクトとして扱うようになっています。文字列は「str型のオブジェクト」、整数値は「int型のオブジェクト」になります。

でも、'こんにちは'のような「生のデータ」と「str型のオブジェクト」は何が違うのでしょうか。オブジェクト指向言語の説明に「クラスとは、プログラマーがプログラムで扱うデータを『一定の振る舞いを持つオブジェクトの構造』として定義したものである」という記述をよく見かけます。

何のことなのかよくわかりませんが、これを整理すると「オブジェクトというものはクラスによって定義され、クラスにはオブジェクトを操作するためのメソッドが備わっている」ということのようです。

▶▶「クラス」はオブジェクトを作るためのもの

Pythonのint型やstr型などは、すべて**クラス**で定義されています。「intクラス」や「strクラス」という具合です。これまで「int型のオブジェクト」とか「str型のオブジェクト」と言っていたのは、正確にはintクラスのオブジェクト、strクラスのオブジェクトということになります。

○ オブジェクトとクラス

| 'おはよう' | | str型のオブジェクト | | strクラスで定義されている |

| 123 | | int型のオブジェクト | | intクラスで定義されている |

169

str型やint型のオブジェクトは、正確には「クラスから作られた物体（オブジェクト）」です。これでは意味がよくわかりませんが、Pythonでは「age = 28」と書くとコンピューターのメモリ上に28という値を読み込みます。このとき、たんに28をメモリに置くのではなく「この値はint型である」という制約をかけます。このような制約をかけるのがクラスです。

　逆に言えば、制約をかけることによってクラスで定義されているメソッドが使えるようになります。クラスには、専用のメソッドが定義されています。str型にはstr型専用のメソッド、int型にはint型専用のメソッドがいくつも定義されています。これまで「str型のオブジェクトに対して実行するメソッド」とか「辞書オブジェクトに対して実行するメソッド」を使ったことがありましたが、これらのメソッドはそれぞれのクラスで定義されていたので使えたというわけです。

▶▶ クラスの定義

　クラスを作るには、まずその定義が必要です。クラスは次のようにclassキーワードを使って定義します。

▶ クラスの定義

```
class クラス名:
```
書式

▶▶ クラスの中身（メソッド）

　先の書式でクラスを作ることができます。次にクラスの中身を見ていきましょう。クラスの内部には、メソッドを定義するコードを書いていきます。

▶ メソッドの定義

```
def メソッド名(self, パラメーター):
[Tab] 処理...
```
書式

　メソッドの決まりとして、第1パラメーターにはクラス自身のオブジェクトを受け取るためのものを用意します。名前は何でもよいのですが、一般的に「self」がよく使われます。メソッドを実行するときは「オブジェクト.メソッド()」のように書きますが、これは「オブジェクトに対してメソッドを実行する」ことを示しています。

一方、呼び出される側のメソッドは、呼び出しに使われたオブジェクトをパラメーターを使って「明示的に」受け取るように決められています。

○ メソッドを呼び出すと実行もとのオブジェクトの情報がselfに渡される

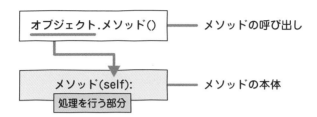

　こういうわけで、パラメーターが必要ないメソッドであっても、オブジェクトを受け取るパラメーターだけは必要です。これを書かないと、どのオブジェクトから呼び出されたのかがわからないので、エラーになってしまいます。もちろん、必要であれば、オブジェクトを受け取るパラメーターのあとに、必要な数だけ独自のパラメーターを設定できます。

オリジナルのクラスを作ってみる

　では、メソッドを1つだけ持つシンプルなクラスを作ってみましょう。

▼Testクラスを定義する

IN

```
class Test:
    # パラメーターself、valの値を出力するメソッド。
    def show(self, val):
        print(self, val)
```

コード

クラスからオブジェクトを作るには、次のように書きます。これを**クラスのインスタンス化**と呼びます。インスタンスとは、オブジェクトと同じ意味を持つプログラミング用語です。

▶ クラスのインスタンス化

```
変数 = クラス名(引数)                                    書式
```

クラス名(引数)と書けば、クラスがインスタンス化されてオブジェクトが生成されます。引数を必要としないクラスであれば、引数を省略します。先に定義したTestクラスは引数を必要としないので、「変数 = Test()」でインスタンス化できます。ここで疑問なのですが、str型やint型のオブジェクト、さらにはリストに至っても、このような書き方はしませんでした。「data = 'こんにちは'」と書けばstr型のオブジェクトが作られましたし、「lst = [1, 2, 3]」と書けばint型オブジェクトを要素にしたリスト型のオブジェクトを作ることができました。

実は、Pythonではintやstr、float、さらにはリスト、辞書、集合などの基本的なデータ型は直接、値を書けば、それぞれのデータ型に応じたオブジェクトが自動的に生成されるようになっています。

```
num = 10    ◀── 10はint型なのでint型のオブジェクトが作られる
str = 'Python'   ◀── クォートで囲んであるのでstr型のオブジェクトが作られる
lst = [10, 50, 100]   ◀── []で囲んであるのでリスト型のオブジェクトが作られる
```

このように「よく使われるデータ型」は、「クラス名()」を省略するようになっています。一方、strクラスにはstr()というメソッドがありますが、これはstr型以外のintやfloatなどのオブジェクトを「str型に変換する」動作をします。

▼str()メソッドを使ってみる

```
IN    num = str(3.14)      # float型の3.14を文字列に変換する。    コードと
      num                                                        実行結果

OUT   '3.14'   ◀── str型に変換された
```

では、先ほど作成したTestクラスをインスタンス化してshow()メソッドを呼び出してみましょう。クラスを定義したセルの下のセルに次のように書いてみます。

▼Testクラスをインスタンス化してメソッドを使ってみる

```
# Test クラスをインスタンス化してオブジェクトの参照を代入。          コード
test = Test()
# Test オブジェクトから show() メソッドを実行する。
test.show('こんにちは')
```

○ 実行結果

```
<__main__.Test object at 0x03A65D10> こんにちは
```

show()メソッドは、必須のselfパラメーターとは別にvalパラメーターがあります。

▼メソッド呼び出しにおける引数の受け渡し

show()メソッドでは、これら2つのパラメーターの値を出力します。selfパラメーターの値として、次のように出力されています。

```
<__main__.Test object at 0x03A65D10>
```

「0x03A65D10」(実行時により異なる)の部分がTestクラスのオブジェクトの参照情報(メモリアドレス)です。

オブジェクトの初期化を行う：__init__()

クラス定義において、**__init__()** というメソッドは特別な意味を持ちます。クラスからオブジェクトが作られた直後、オブジェクトが使えるように、なにかしらの準備しなければらならいことがあります。

例えば、回数を数えるカウンター変数の値を0にセットする、必要な情報をファイルから読み込む、などです。**初期化**を意味するinitializeの冒頭の4文字をダブルアンダースコア（__）で囲んだ__init__()というメソッドは、オブジェクトの初期化処理を担当し、オブジェクト作成直後に自動的に呼び出されます。

▶ __init__()メソッドの書式

```
def __init__(self, パラメーター, ...);
    初期化のための処理
```

書式

Pythonのダブルアンダースコアで囲まれた
メソッド名などのキーワードは、
特別な意味を持ちます。

01 はじめよう！
プログラミング

02 プログラムの
材料

03 処理の流れを
作ろう

04 いろんなデータ
を扱おう

05 プログラムの
装置を作ろう

06 インテリアで
アレンジしよう

07 プログラムを
作りましょう

資料

Section 03 バトルゲームの応答を返すクラスを作ってみよう（継承）

Pythonをはじめとするオブジェクト指向言語には、あるクラスの定義内容をそのまま引き継いで別のクラスを作ることができる機能があります。これを「**継承**」と呼びます。

継承とオーバーライド

クラスAを受け継いだクラスBがあったとき「BはAを継承している」と表現され、Aのオブジェクトでできることは、Bのオブジェクトでもできることが保証されます。AとBの継承関係において、AはBの**スーパークラス**、BはAの**サブクラス**と呼ばれます。

○ スーパークラスとサブクラス

```
┌─────────────┐
│      A       │    スーパークラス
└─────────────┘
      ⇧
┌─────────────┐
│      B       │    サブクラスBはAを継承している
└─────────────┘
```

▶ クラスの継承

```
class クラス名 ( 継承するクラス名 ) :
    ... クラスの内容 ...
```
書式

クラスAを継承したサブクラスBを作るにはBのクラス定義を「class B(A):」とします。こうするとスーパークラスAを継承したサブクラスBが出来上がります。サブクラスBをインスタンス化してオブジェクトを作れば、スーパークラスAのメソッドをこのオブジェクトから使うことができます。クラスの名前はBですが、クラスAで定義されているメソッドがクラスBでも「定義されていることになる」という仕掛けです。

でも、名前を変えただけで中身が同じものであることには、あまり意味がありません。実は、継承の重要なポイントは「サブクラスがスーパークラスの機能の一部を書き換えることができる」ことにあります。具体的にはメソッドの中身の書き換え（再定義）です。これを**メソッドのオーバーライド**と呼びます。

バトルゲームを題材にオブジェクト指向プログラミングに挑戦！

またしてもバトルゲームらしきものを作ってみたいと思います。

▼これから作成するバトルゲームの実行例

```
なまえをにゅうりょく＞パイソン    ◀── 名前を入力してゲームをスタートする


＞＞＞スライムンがあらわれた！    ◀── ここからゲームスタート

                          ┌─ 攻撃方法を聞いてくるので0か1を
【ぶきを使う（0）／呪文をとなえる（1）】0 ◀┘  入力して指定する
【はがねのつるぎ（0）／えいゆうのつえ（1）／おじさんのつえ（2）】1 ◀── 武器を指定


＞＞＞パイソンのこうげき！！     ◀── 攻撃が開始されたことが通知される
＞＞＞モンスターがはんげきした！   ◀── モンスターの反応
＊＊＊＊＊＊＊＊＊＊＊＊＊＊＊＊＊＊＊＊
パイソンのHP：0           ◀── プレイヤーのHP
モンスターのHP：4          ◀── モンスターのHP
＊＊＊＊＊＊＊＊＊＊＊＊＊＊＊＊＊＊＊＊


＞＞＞パイソンはしんでしまった．．．

もう1回やる（やる（0）／やめる（1））0 ◀── 0を入力すればゲームを再開
```

最終的にこんな感じのゲームにしたいと思うのですが、1つのモジュールにすべての
コードを書くのは大変ですし、コードもごちゃごちゃして読みにくいものになってしまいま
すので、3つのモジュールに分割することにしましょう。以降は、モジュール単位での開発
になりますので、モジュール単位の開発に適したSpyderで開発を行うことにします。

● mainモジュール（main.py）
　プログラム全体を制御するためのモジュールです。

● controllerモジュール（controller.py）
　プレイヤーの攻撃を実行するControllerクラスを定義します。

01 はじめよう！
プログラミング

02 プログラムの材料

03 情報の流れを作ろう

04 いろんなデータを整理しよう

05 プログラムの装置を作ろう

06 インターネットにアクセスしよう

07 プログラムを パワーアップしよう

資料

- responderモジュール（responder.py）

  応答パターンを作るResponderクラスと３つのサブクラスを定義します。

　プログラムは、mainモジュールから開始します。mainモジュールを実行すると controller ➡ responderが順に実行されてゲームが始まる仕組みです。

スーパークラスを定義してサブクラスを作ろう

　まずは末端というか、バトルの結果を作るresponderモジュールから作っていきましょう。このモジュールでは、次の４つのクラスを定義します。

○ responderモジュールのクラス

> **Responderクラス（スーパークラス）**
>
> オーバーライドを前提にしたresponse()メソッドを定義します。

> **LuckyResponderクラス（サブクラス）**
>
> モンスターにダメージを与えるサブクラスです。スーパークラスのresponse() メソッドをオーバーライドしてダメージを与えるためのデータを作ります。

> **DrawResponderクラス（サブクラス）**
>
> 対戦を引き分けに持ち込むサブクラスです。スーパークラスのresponse()メソッドをオーバーライドして引き分けにするためのデータを作ります。

> **BadResponderクラス（サブクラス）**
>
> プレイヤーにダメージを与えるサブクラスです。スーパークラスのresponse() メソッドをオーバーライドしてダメージを与えるためのデータを作ります。

　では、モジュール「responder.py」を作成してコードを書いていきましょう。最初に定義するのはスーパークラスのResponderです。Anaconda Navigator の **Home** タブの **Application on** で仮想環境を選択し、Spyderの **Launch** ボタンをクリックして Spyder を起動します。ツールバーの **新規ファイル** ボタン □ をクリックすると新規のモジュールのウィンドウが表示されます（ただし、初回起動時は新規モジュールが表示されるのでこれを利用しても可）。ここで、**ファイル** メニューの **形式を指定して保存** を選択して、「responder.py」というファイル名で保存してください。保存が済んだら、デフォルトで入力されている以下の

```
# -*- coding: utf-8 -*-
"""
Created on Sun Mar 15 17:39:36 2020

@author: User
"""
```

の記述を削除してから次ページのコードを入力してください。

 注意 今回のプログラム用に専用のフォルダーを作成し、このあとで作成するモジュールを含めてすべてのモジュールを、このフォルダー内に保存するようにしてください。

▼Responder クラスの定義（responder.py）

```
class Responder(object):                                    コード
    """応答クラスのスーパークラス

    """
    def response(self, point):
        """ オーバーライドを前提とした応答用のメソッド

        Args:
            point(int)：変動値
        Returns:
            str： 空の文字列。
        """
        return ''
```

スーパークラスの Responder で response()
メソッドを定義しておいて、3つのサブクラスで
独自の処理を定義してオーバーライドします。そ
うすると、response() というメソッド名は同じ
でも、実行もとのサブクラスのオブジェクトに
よって、それぞれのオーバーライドした
response() が呼び出されます。

response()メソッドは、応答を作って戻り値として返す処理を行います。パラメーターのpointは、呼び出しもとから渡される変動値（このあとで説明します）を受け取るためのものです。ただし、このメソッドはサブクラスでオーバーライドしますので、処理コードは何も書かず、returnでも空の文字列を返すようになっています。いわば、メソッドの骨格だけを定義した状態です。

　あと、疑問点が1つ。スーパークラスなのにクラスの宣言部が、

```python
class Responder(object):
```

となっていて、何やらobjectというクラスを継承しているようです。実は、Pythonにはクラスの総本山ともいうべき「object」というクラスが定義されていて、

すべてのクラスはobjectクラスを継承する

という決まりがあります。objectクラスには、「クラスとしての基本機能」が定義されていて、すべてのクラスはobjectクラスを継承することでPythonのクラスとして定義できる、というわけです。「じゃあサブクラスはどうするの？」と疑問に思いますが、スーパークラス側でobjectを継承しているので、サブクラス側ではobjectを継承する必要はありません。

ワンポイント　クラスの宣言部で、

```python
class Responder:
```

と書いてしまっても、内部的にobjectクラスが継承されるので、エラーにはなりません。ただ、Pythonの公式ドキュメントではobjectを明示的に継承するように書くことが推奨されているので、書く習慣を身に付けておいた方がよいでしょう。

01 はじめよう！プログラミング

02 プログラムの材料

03 処理の流れを作ろう

04 いろんなデータを作ろう

05 プログラムの装置を作ろう

06 インターネットにチャレンジしよう

07 プログラムをGUIにしよう

資料

▶▶ ソースコード中のコメントについて

今回から、「Google Python Style Guide」＊ のガイドに従って、詳しいコメントを入れています。「Args:」はパラメーターとその型を、「Returns:」は戻り値とその型を示しています。クラスにインスタンス変数がある場合は、「Attributes:」に一覧が列挙されます。

▶▶ モンスターにダメージを与えるサブクラス「LuckyResponder」

次に、サブクラスLuckyResponderの定義です。このクラスは、モンスターにダメージを与えるためのものなので、response()メソッドをオーバーライドしてメッセージ用の文字列とパラメーターで取得した「変動値」をリストにして、これを戻り値として返すようにします。

▼サブクラスLuckyResponder（responder.py）

```
class LuckyResponder(Responder):  ── Responderクラスを継承
    """モンスターにダメージを与えるサブクラス
    """

    def response(self, point):
        """ モンスターにダメージを与える応答を返す。

        Args:
            point(int)：変動値
        Returns:
            strとintのlist：応答文字列と変動値のリスト。
        """
        # 応答文字列とpointの値を返す。
        return ['モンスターにダメージをあたえた！', point]
```

変動値というのはプレイヤーの攻撃方法によって決まる値のことで、この値を使ってプレイヤーとモンスターのHP（ヒットポイント）を変動させます。プレイヤーのHPが0になったらゲームオーバー、モンスターのHPが0になったら新手のモンスターを出現させます。ここでは、プレイヤーのHPを増やし、逆にモンスターのHPを減らすために、渡された変動値を加工せずにそのまま返すようにしています。

＊ **Google Python Style Guide**
　URLは「http://google.github.io/styleguide/pyguide.html」。

▶▶ 引き分けのためのサブクラス「DrawResponder」

DrawResponderクラスは、引き分けに持ち込む、つまりプレイヤーの攻撃があってもHPは現状のままにします。このため、response()メソッドでは、変動値のpointを0にして戻り値として返します。

▼サブクラス DrawResponder (responder.py)

```
class DrawResponder(Responder):
    """引き分けに持ち込むサブクラス
    """

    def response(self, point):
        """引き分けにする応答を返す。

        Args:
            point(int):変動値
        Returns:
            strとintのlist: 応答文字列と変動値のリスト。
        """
        # pointの値を0にする。
        point = 0
        return ['モンスターは身をまもっている！', point]
```

▶▶ プレイヤーにダメージを与えるサブクラス「BadResponder」

変動値がプラスの値だと、プレイヤーのHPに加算され、モンスターのHPが減算されます。そこで、変動値そのものをマイナスの値にすることで、プレイヤーのHPを減らし、モンスターのHP値を増やす、という逆の現象を起こすようにします。response()メソッドでは、戻り値を-pointとすることで、マイナスの値に変えて返すようにします。

▼リブクラス BadResponder (responder.py)

```
class BadResponder(Responder):
    """プレイヤーにダメージを与えるサブクラス
    """

    def response(self, point):
```

```
        """プレイヤーにダメージを与える応答を返す。

        Args:
            point(int):変動値
        Returns:
            strとintのlist: 応答文字列と変動値のリスト。
        """
        # pointの値をマイナスにして応答文字列と共に返す。
        return ['モンスターがはんげきした！', -point]
```

モジュールの実行部を作っておこう

　以上でresponderモジュールの作成は完了です。せっかくですから、モジュールを単体でテストできるコードを追加しておきましょう。

▼responderモジュールの全体 (responder.py)

```
class Responder(object):
    """応答クラスのスーパークラス
    """
    def response(self, point):
        """ オーバーライドを前提とした応答用のメソッド

        Args:
            point(int):変動値
        Returns:
            str: 空の文字列。
        """
        return ''


class LuckyResponder(Responder):
    """モンスターにダメージを与えるサブクラス
    """
    def response(self, point):
```

コード

```python
        """モンスターにダメージを与える応答を返す。

        Args:
            point(int):変動値
        Returns:
            strとintのlist: 応答文字列と変動値のリスト。
        """
        # 応答文字列とpointの値を返す。
        return ['モンスターにダメージをあたえた！', point]


class DrawResponder(Responder):
    """引き分けに持ち込むサブクラス
    """

    def response(self, point):
        """引き分けにする応答を返す。

        Args:
            point(int):変動値
        Returns:
            strとintのlist: 応答文字列と変動値のリスト。
        """
        # pointの値を0にする。
        point = 0
        return ['モンスターは身をまもっている！', point]


class BadResponder(Responder):
    """プレイヤーにダメージを与えるサブクラス
    """

    def response(self, point):
        """プレイヤーにダメージを与える応答を返す。

        Args:
            point(int):変動値
        Returns:
```

01
はじめよう！
プログラミング

02
材料
プログラムの

03
作ろう
部品のもと

04
いろんなデータ
を作ろう

05
プログラムの
装置を作ろう

06
データを入れよう
コンテナに

07
プログラムを
自由に作ろう

資料

```
            strとintのlist： 応答文字列と変動値のリスト。
        """
        # pointの値をマイナスにして応答文字列と共に返す。
        return ['モンスターがはんげきした！', -point]


#=====================================================
# プログラムの実行ブロック
#=====================================================
if __name__ == '__main__':
    point = 3    ── 変動値をとりあえず3にしておく
    # LuckyResponderのオブジェクトを生成。
    responder = LuckyResponder()
    # 変動値を設定してresponse()メソッドを実行。
    res = responder.response(point)
    # response()の戻り値を表示。
    print(res)


    # DrawResponderのオブジェクトを生成。
    responder = DrawResponder()
    # 変動値を設定してresponse()メソッドを実行。
    res = responder.response(point)
    # response()の戻り値を表示。
    print(res)


    # BadResponderのオブジェクトを生成。
    responder = BadResponder()
    # 変動値を設定してresponse()メソッドを実行。
    res = responder.response(point)
    # response()の戻り値を表示。
    print(res)
```

▶▶ if __name__ == '__main__':

「if __name__ == '__main__':」という条件式がありますが、これは「モジュールが直接実行された場合にブロックの処理を実行する」という意味になります。先頭と末尾が2個のアンダースコア (__) になっている名前は、Pythonが使う変数として予約されていて、モジュールを直接実行した場合は、システムの内部で __name__ に「'__main__'」という値が格納されるようになっています。

▶ プログラムの起点を示す

```
if __name__ == '__main__':              書式
    プログラム開始後に実行するコード
```

これを書いておくことで、if以下のコードは「モジュールを直接実行したとき」だけ実行されるようになります。これがないと、他のモジュールから呼び出したときにテスト用のコードまで実行されてしまいますので、そうなることを防いでいるというわけです。

では、Spyderのツールバーにある**ファイルを実行**ボタン ▶ をクリック (または**実行**メニューの**実行**を選択) して、responder.pyモジュールのコードを実行してみましょう。すると、Spyderのコンソール (デフォルトで画面右下に表示されています) に以下のように出力されるはずです。

○ 実行結果

```
['モンスターにダメージをあたえた！', 3]  ◀── LuckyResponderは変動値をそのまま返す
['モンスターは身をまもっている！', 0]   ◀── DrawResponderは変動値を0にする
['モンスターがはんげきした！', -3]      ◀── LuckyResponderは変動値をマイナスにする
```

無事、それぞれオーバーライドしたメソッドの処理結果が表示されました。次は、これらのメソッドを呼び分けるControllerクラスの作成です。

バトルゲームの司令塔クラスを作ろう：__init__()メソッド

ここでは、プレイヤーの攻撃を実行するControllerクラスを作ります。前節で作成した3つの応答クラス（Responderのサブクラス）を呼び分けて異なる応答を返す、といった司令塔（コントローラー）的な要素を持つクラスです。

Responderの3つのサブクラスをインスタンス化する

Controllerクラスは、前節で作成したResponderクラスの3つのサブクラスをインスタンス化し、実行するタイミングに応じてどのサブクラスのresponse()メソッドを呼び出すのかを決めます。

▶▶ オブジェクトの情報を保持するインスタンス変数

インスタンスという用語はオブジェクトを表しますが、「メモリ上に読み込まれているオブジェクト」そのものを指す場合に、特にインスタンスという呼び方をします。クラスからはいくつでもオブジェクトが作れますので、「個々のオブジェクトを指す」ときにインスタンスという呼び方をします。

インスタンス変数とは、インスタンスが独自に保持する情報を代入するための変数です。1つのクラスからオブジェクト（インスタンス）はいくつでも作れますが、str型やint型のオブジェクトがそうであったように、それぞれのインスタンスは別々の情報を保持します。このようなオブジェクト固有の情報は、インスタンス変数を利用して保持するというわけです。

▶ インスタンス変数の定義

```
self.インスタンス変数名 = 値
```
書式

インスタンス自体を示すのがselfの役割です。メソッドのパラメーターselfには、呼び出しもと、つまりはクラスのインスタンス（の参照情報）が渡されてきますので、「self.number」は「インスタンス.number」という意味になり、そのインスタンスが保持している変数numberを指すようになります。

▶▶ オブジェクトを初期化する__init__()メソッド

クラスで定義するメソッドに「__init__()」という名前のものがあります。通常、メソッドの名前は好きなものにするのですが、この__init__()だけは名前が決まっています。というのは、クラスのオブジェクトを作成するときに自動的に呼び出される特殊なメソッドだからです。

定義の仕方は普通のメソッドと同じです。1つ目のパラメーターをselfにすれば、あとは必要に応じてカンマで区切ってパラメーターを書いていくことができます。では、新規のモジュール「controller.py」を作成して、Controllerクラスを宣言し、__init__()メソッドを定義してみましょう。

▼Controllerクラスで__init__()メソッドを定義する (controller.py)

```python
import random    # randomモジュールをインポート
import responder # responderモジュールをインポート


class Controller(object):
    """応答オブジェクトを呼び分けるクラス

    Attributes:
        lucky(obj): LuckyResponderオブジェクトを保持。
        draw(obj): DrawResponderオブジェクトを保持。
        bad(obj): BadResponderオブジェクトを保持。
    """
    def __init__(self):
        """応答オブジェクトを生成してインスタンス変数に格納。

        """
        # LuckyResponderを生成。
        self.lucky = responder.LuckyResponder()
        # DrawResponderを生成。
        self.draw = responder.DrawResponder()
        # BadResponderを生成。
        self.bad = responder.BadResponder()
```

● モジュールのクラスをまとめてインポートする

冒頭に「import responder」があります。これは、responderモジュールを読み込むためのインポート文です。

▶ モジュールをインポートする

```
import モジュール名
```
書式

▶ モジュールのクラスをインポートする

```
from モジュール名 import クラス名
```
書式

Controllerクラスではresponderモジュールを使うので、あらかじめインポートしておく必要があります。2番目の書式を使うと、モジュールから直接クラスをインポートできるので、モジュール名を付けずに直接、クラス名を書いてアクセスすることができます。

これに対し、「import responder」とした場合は、「responder.LuckyResponder()」のように、クラス名の前にモジュール名を付けてアクセスする必要があります。

● __init__()メソッドとインスタンス変数

ここでポイントとなる__init__()メソッドでは、responderモジュールの3つのサブクラスをインスタンス化します。冒頭でresponderモジュールをインポートしましたので、「responder.クラス名()」と書けばインスタンス化が行えます。

これで、Controllerクラスをインスタンス化すると同時に、responderの3つのサブクラスのオブジェクトがインスタンス変数に代入されるようになりました。

main.py	controller.py	responder.py
プログラムを起動してユーザーとのやり取りを行う。(Controllerクラスのインスタンス化)	・Controllerクラス Responderの3つのサブクラスを呼び分けて応答メッセージと変動値を取得する。	・Responderクラス ・LuckyResponder ・DrawResponder ・BadResponder

3つのサブクラスのメソッドをランダムに呼び分ける：attack()メソッド

Controllerクラスの最も重要でたった1つしかないメソッド、**attack()**です。このメソッドはゲームを開始したときに真っ先に呼び出されます。1から100までの値をランダムに生成し、生成した値によってどのサブクラスのresponse()メソッドを呼び出すのかを決定し、メソッドを実行したうえで、戻り値を呼び出しもとにそのまま返します。

▼attack()メソッド (controller.py)

```
……インポート文省略……                                    コード
class Controller(object):
    def __init__(self):
        ……省略……


    def attack(self, point):
        """応答オブジェクトのresponse()をランダムに呼び出して
            応答文字列と変動値を取得し、これを返す。

        Args:
            point(int): 変動値
        Returns(strとintのlist):
            応答文字列と変動値を格納したリスト。
        """
        # 1から100の範囲からランダムに値を取得する。
        x = random.randint(1, 100)
        # 30以下ならLuckyResponderオブジェクトにする。
        if x <= 30:
            self.responder = self.lucky
        # 31～60以下ならDrawResponderオブジェクトにする。
        elif 31 <= x <= 60:
            self.responder = self.draw
        # それ以外はBadResponderオブジェクトにする。
        else:
            self.responder = self.bad
        # responderに格納されたサブクラスのresponder()の戻り値を返す。
```

01
始めよう！
プログラミング

02
プログラムの
材料

03
処理の流れを
作ろう

04
いろんなデータ
を扱おう

05
プログラムの
装置を作ろう

06
インターネットの
アプリを作ろう

07
プログラムを
作ろう

資料

```
        return self.responder.responder(point)
```

randomモジュールのrandint()関数は、引数を(1, 100)にしたことで、1から100までの範囲の値を1つだけ返します。値が30以下ならLuckyResponder、31〜60ならDrawResponder、それ以外はBadResponderのインスタンスをself.responderに代入します。

最後のreturnの部分でresponse()メソッドを実行して、その戻り値をそのままattack()メソッドの戻り値として返します。

▼戻り値を返す部分

```
return self.responder.response(point)
```

「self.responder.response(point)」のself.responderにはif...elif...elseによって決定されたクラスのオブジェクト（インスタンス）が代入されています。メソッドが実行されるたびに代入されるインスタンスは変わります（言い換えるとメソッドが実行されるまではどのクラスのインスタンスになるのかはわかりません）が、呼び出しを行うメソッドはオーバーライドされたresponse()メソッドなので、すべて同じ名前で呼び出せます。これをオブジェクト指向プログラミングの用語で**ポリモーフィズム**（**実行時型識別**）といいます。

オーバーライドしたことで同じ名前のメソッドがいくつも作られたわけですが、プログラムの実行時にインスタンスを入れ替えることで、同じコードで異なるクラスのメソッドを呼び分けられるという仕組みです。

モジュールの実行部を作っておこう

例によって、モジュールを単独で実行するためのコードを書いておきましょう。プログラムが完成してからバグ（プログラムの不具合）を見付けるのは大変ですが、モジュールごとに実行できるようにしておけば、プログラムのテストのほか修正や改造の際にも便利です。

▼Controllerクラスの全体像 (controller.py)

```
import random    # randomモジュールをインポート          コード
import responder  # responderモジュールをインポート


class Controller(object):
```

```python
    """応答オブジェクトを呼び分けるクラス

    Attributes:
        lucky(obj): LuckyResponderオブジェクトを保持。
        draw(obj): DrawResponderオブジェクトを保持。
        bad(obj): BadResponderオブジェクトを保持。
    """
    def __init__(self):
        """応答オブジェクトを生成してインスタンス変数に格納。

        """
        # LuckyResponderを生成。
        self.lucky = responder.LuckyResponder()
        # DrawResponderを生成。
        self.draw = responder.DrawResponder()
        # BadResponderを生成。
        self.bad = responder.BadResponder()

    def attack(self, point):
        """応答オブジェクトのresponse()をランダムに呼び出して
           応答文字列と変動値を取得し、これを返す。

        Args:
            point(int): 変動値
        Returns(strとintのlist):
            応答文字列と変動値を格納したリスト。
        """
        # 1から100の範囲からランダムに値を取得する。
        x = random.randint(1, 100)
        # 30以下ならLuckyResponderオブジェクトにする。
        if x <= 30:
            self.responder = self.lucky
        # 31〜60以下ならDrawResponderオブジェクトにする。
```

```python
        elif 31 <= x <= 60:
            self.responder = self.draw
        # それ以外はBadResponderオブジェクトにする。
        else:
            self.responder = self.bad
        # responderに格納されたサブクラスのresponder()の戻り値を返す。
        return self.responder.response(point)


#====================================================
# プログラムの実行ブロック
#====================================================
if __name__ == '__main__':
    # 変動値pointの値をとりあえず3にしておく
    point = 3
    # Controllerのオブジェクトを生成
    ctr = Controller()
    # 変動値を設定してresponse()メソッドを実行
    res = ctr.attack(point)
    #応答を表示
    print(res)
```

○ 実行結果

['モンスターにダメージをあたえた！', 3]　◀── 3つのresponse()メソッドの
　　　　　　　　　　　　　　　　　　　　　　　　 どれかが実行される

バトルゲームの実行モジュールを作ろう

バトルゲームの最後のモジュールです。このモジュールを直接、実行すればゲームが開始されます。

プレイヤーからの入力値を取得する関数を用意する

ゲームでは、攻撃方法やその内容について質問しながら進めていきます。まずは、質問の内容ごとに専用の関数を作ることにしましょう。新規のモジュール「main.py」を作成して、以下の手順でコードを入力していきましょう。

▼プレイヤーからの入力値を取得する関数を用意 (main.py)

```
def choice():                                          コード
    """ 攻撃方法を表示し、ユーザーが選択した攻撃方法を示す値を返す。

    Returns:
        int: 0または1。
    """
    print('こうげき方法をせんたく', end='')
    return input('【ぶきを使う (0) ／じゅもんをとなえる (1)】')


def arm_choice():
    """ 武器を表示し、ユーザーが選択した武器を示す値を返す。

    Returns:
        int: 0、1、2のいずれかの値。
    """
    print('¥nどのぶきにしますか?', end='')
    return input('【はがねのつるぎ (0) ／えいゆうのつえ (1) ／おじさんのつえ (2)】')


def magic_choice():
```

```
    """ 呪文を表示し、ユーザーが選択した呪文を示す値を返す。

    Returns:
        int: 0、1、2のいずれかの値。
    """
    print('\nどのじゅもんにしますか?', end='')
    return input('【メラメラ(0)／ギラギラ(1)／ベギラママン(2)】')

def is_restart():
    """ ゲームの続行を確認し、ゲーム続行か否かを示す値を返す。

    Returns:
        int: 0、1のいずれかの値。
    """
    return input('もう1回やる(やる(0)／やめる(1)))')
```

　ゲームを進行させつつ、これらの関数を呼び出してプレイヤーからの入力を取得するようにします。

モンスターとのバトルを行う関数を用意する

　ゲームプログラムのメインとなるbattle()関数です。プレイヤーとモンスターのHP（ヒットポイント）を設定し、Controllerクラスのattack()メソッドを実行してバトルを開始します。プレイヤーのHPが0になったところでゲーム終了です。途中でモンスターのHPが0になったら新たなモンスターを出現させてゲームを続けます。

　これらの処理は2重構造のwhileブロックで実現します。外側のwhileはプレイヤーのHPが0になるまでの繰り返し、内側のwhileはモンスターのHPが0になるまでの繰り返しを、次の手順で処理します。

```
def battle():
    # プレイヤーのHPを設定


    #####外側のwhileブロック#####
    # プレイヤーのHPが0になるまで繰り返す。
        # モンスターをランダムに設定して表示する。
        # モンスターのHPを設定


        #####内側のwhileブロック#####
        # モンスターのHPが0になるまで繰り返す。
            # 攻撃は武器か呪文かを選択。


            # 武器を選択した場合はどれを使うかを選択。
            # 武器を選択しなかった場合はどの呪文を使うかを選択。


            # 攻撃の開始を通知。
            # Controllerクラスのattack()を実行して応答を取得。
            # 1秒待機して応答のメッセージを表示する。


            # プレイヤーのHPとモンスターのHPを増減して
            # それぞれのHPを表示。


            # ifでプレイヤーのHPが0以下なら内側のwhileブロックを抜ける。
        #   ifでプレイヤーのHPが0以下なら外側のwhileブロックを抜ける。


        # モンスターのHPが0になれば内側のwhileを抜けて以下を表示。
        # その後、外側のwhileの先頭に戻る。

    # プレイヤーのHPが0以下であれば外側のwhileを抜けて以下を表示。
```

では、ちょっとコードが多いですが、一気に入力しちゃいましょう。

▼プレイヤーからの入力値を取得する関数 (main.py)

```python
def battle():
    """ゲームを実行する関数
    """
    # プレイヤーのHPの初期値を設定。
    hp_brave = 2

    # 外側のwhileブロック
    #
    # プレイヤーのHPが0になるまで繰り返す。
    #
    while hp_brave > 0:                                              ①
        # モンスターをランダムに設定して表示する。
        monster = random.choice(                                    ②
                    ['スライムン', 'あばれるうしくん', 'さんぞく']
                    )
        # モンスターの出現を通知する。
        print('¥>>>{}があらわれた！¥n'.format(monster))
        # モンスターのHPの初期値を設定
        hp_monster = 2

        # 内側のwhileブロック
        #
        # モンスターのHPが0になるまで繰り返す
        #
        while hp_monster > 0:                                       ③
            # プレイヤーに攻撃方法を選択してもらう。
            tool = choice()                                        ④
            # 規定値が入力されるまで繰り返す。
            while (True != tool.isdigit()) or (int(tool) > 1):    ⑤
```

```
        tool = choice()
# 入力された値をint型に変換する。
tool = int(tool) ─────────────────────────────── ⑥
if tool == 0: ──────────────────────────────────── ⑦
# 武器が選択された場合は何を使うかを選択してもらう。
    arm = arm_choice()
    # 規定値が入力されるまで繰り返す
    while (True != arm.isdigit()) or (int(arm) > 2):
        arm = arm_choice()
else: ─────────────────────────────────────────── ⑧
# 武器が選択されなかった場合はどの呪文を使うかを選択してもらう。
    arm = magic_choice()
    # 規定値が入力されるまで繰り返す
    while (True != arm.isdigit()) or (int(arm) > 2):
        arm = magic_choice()
# 選択された攻撃手段をint型に変換する。
arm = int(arm) ────────────────────────────────── ⑨


# 攻撃の開始を通知
print('「¥n>>>{}のこうげき！！'.format(brave)) ─── ⑩
# Controllerクラスのattack()を実行して応答を取得する。
# 引数は攻撃手段armの値に1を足した値とし、これを変動値とする。
result = ctr.attack(arm + 1) ──────────────────── ⑪


# 1秒待機して応答メッセージを出力する。
time.sleep(1) ─────────────────────────────────── ⑫
print('>>>' + result[0]) ──────────────────────── ⑬


# プレイヤーのHPとモンスターのHPを増減してそれぞれのHPを出力。
hp_brave += result[1] ─────────────────────────── ⑭
hp_monster -= result[1]
print('********************')
print('{}のHP：{}'.format(brave, hp_brave)) ──── ⑮
```

```
            print('{}のHP：{}'.format('モンスター', hp_monster))
            print('*****************¥n')

            # プレイヤーのHPが0以下なら内側のwhileブロックを抜ける。
            if hp_brave <= 0:────────────────────── ⑯
                break
        # プレイヤーのHPが0以下なら外側のwhileブロックを抜ける。
        if hp_brave <= 0:────────────────────────── ⑰
            break

        # モンスターのHPが0になれば内側のwhileを抜けて以下を出力する。
        # その後、外側のwhileの先頭に戻って新たなモンスターを出現させる。
        print('>>>{}はモンスターをやっつけた！'.format(brave))── ⑱

    # プレイヤーのHPが0以下であれば外側のwhileを抜けて以下を出力する。
    print('>>>{}はしんでしまった...¥n'.format(brave))────────── ⑲
```

① while hp_brave > 0:

　プレイヤーのHPが0になるまでゲームを続けます。ですが、whileの内部のifでHPを判定してブロックを抜けるようにしますので、実は「hp_brave > 0」の条件はあまり意味がありません。「while True:」でもよいのですが、HPが0になったらやめる、ということがわかるようにするために、このような条件にしてあります。

② monster = random.choice(['スライムン', ...
　print('¥n>>>{}があらわれた！¥n'.format(monster))

　randomモジュールのchoice()メソッドで、リストの中からモンスターをランダムに抽出します。この段階で画面に「スライムンがあらわれた！」のように表示します。このあと、モンスターのHPを設定して、モンスターの用意は完了です。

③while hp_monster > 0:

　モンスターのHPが0になるまでバトルを繰り返します。モンスターのHPが0になった時点でブロックを抜けて、外側のwhile①の先頭に戻ります。モンスターをやっつけたら、再びリストからモンスターを抽出し、HPをセットしたうえでこのwhileブロックに戻ってくるという流れになります。

④tool = choice()

　choice()関数を実行して、プレイヤーに攻撃方法を選択してもらいます。

⑤while (True != tool.isdigit()) or (int(tool) > 1):

　choice()関数で取得するのは、「ぶきを使う」場合の0、「呪文をとなえる」場合の1のどちらかです。これ以外の数字や文字列が入力された場合は、0と1のどちらかが入力されるまでchoice()関数を実行して質問を繰り返します。

　入力された値が数字であるかどうかは**isdigit()メソッド**で調べることができます。

メソッド　isdigit()

　文字列のすべての文字が数字で、かつ1文字以上あるならTrue、そうでなければFalseを返します。

書式	文字列.isdigit()

　「True != tool.isdigit()」で戻り値がTrueでないか、または「int(tool) > 1」で0か1になっていない間、choice()関数を繰り返し実行します。なお、数値の比較は数値同士でないと行えないので、int(tool)で文字列をint型に変換して比較するようにしましょう。

⑥tool = int(tool)

　この時点で正しい値が入力されているはずですので、toolの値をint型に変換します。

⑦if tool == 0:

　「ぶきを使う」場合の0が入力されたときの処理です。今度はarm_choice()関数を実行して、「はがねのつるぎ」「えいゆうのつえ」「おじさんのつえ」の中から武器を選んでもらいます。ここでも、0、1、2以外の文字が入力されるまでwhileブロックでarm_choice()関数を繰り返し実行します。

⑧else:

④以下の処理において「呪文をとなえる」が選択されたときの処理です。「elif tool ==
0:」にしてもよいのですが、「それ以外は」の意味でelse:にしました。ここでは、magic_
choice()関数を実行して、呪文「メラメラ」「ギラギラ」「ベギラママン」の中から選んでも
らいます。0、1、2以外の文字が入力されたら、whileブロックで規定値が入力されるまで
magic_choice()を繰り返し実行します。

⑨arm = int(arm)

armには、0、1、2のいずれかが代入されています。ここで文字列をint型に変換します。
実は、この値こそがバトルの勝敗を決める重要な値になります。

⑩print('¥n>>>{}のこうげき！！'.format(brave))

攻撃方法の選択とアイテム（武器または呪文）の選択が済んだところで、攻撃の開始を通
知します。

⑪result = ctr.attack(arm + 1)

モンスターとのバトルの開始です。Controllerオブジェクトが代入されている（インス
タンス化はプログラムの実行部で行います）ctrからattack()メソッドを実行します。引数
はarmに1を足した値です。0または1、2の値を1、2、3のようにします。

attack()メソッドが実行されると、例のランダムに抽出した値によってResponderの
サブクラスのresponse()メソッドが選択／実行され、結果として次のいずれかのリストが
返ってきます。

○ 武器で「おじさんのつえ」を選択、または呪文で「ベギラママン」を選択した場合

LuckyResponderのresponse()メソッドが実行された場合

['モンスターにダメージをあたえた！'、3]

DrawResponderのresponse()メソッドが実行された場合

['モンスターは身をまもっている！'、0]

BadResponderのresponse()メソッドが実行された場合

['モンスターがはんげきした！'、-3]

こんなふうに、Responderのどのサブクラスのresponse()メソッドが実行されたかによって、メッセージと変動値の値が変わります。この変動値はattack()メソッドの引数arm + 1の値をもとにしています。LuckyResponderならそのままの値が返されますが、DrawResponderだと0、BadResponderだとマイナスにした値が返ってきます。これを現在のHPに加算して、生死（おっかないですがあくまでゲーム上のことです）を判定します。

⑫time.sleep(1)

「〇〇があらわれた」に続く2つの質問のあとに結果を表示しますが、なにせコンピューターなので、このままだと最後の質問のあとに間髪をいれずに結果が表示されてしまいます。それでは趣がないので、ここで1秒間処理を中断します。timeモジュールのsleep()メソッドは、1などの整数値を引数にすると、その値を秒数に換算して処理を一時的に待機状態にします。

⑬print('>>>' + result[0])

1秒間の待機ののち、attack()メソッドから返されたリストの第1要素を出力します。リストの1つ目には「モンスターがはんげきした！」などの応答メッセージが格納されています。

⑭hp_brave += result[1]
　hp_monster -= result[1]

プレイヤーとモンスターのHPを変動値に基づいて変化させます。リストresultの第2要素が変動値なので、プレイヤーのHPに対しては加算、モンスターのHPには減算の処理を行います。LuckyResponderクラスから結果が返された場合の変動値はプラスの値なので、プレイヤーのHPが増え、モンスターのHPが減ります。逆にBadResponderクラスから結果が返された場合の変動値はマイナスの値なので、プレイヤーのHPが減って、モンスターのHPが上がるという仕掛けです。

⑮print('{}のHP：{}'.format(brave, hp_brave))
　print('{}のHP：{}'.format('モンスター', hp_monster))

HPを処理したあとの現在値を表示します。モンスターのHPが0になれば内側のwhileブロックを抜けて、外側のwhileブロックの先頭に戻ります。再びモンスターが抽出されて

バトルを再開することになります。

⑯ if hp_brave <= 0:

この時点でプレイヤーのHPが0になっても、内側のwhileブロックはモンスターのHPを条件にしているので、これを検知することができません。このままだと、プレイヤーのHPが0になってもバトルが続いてしまうので、ifを使ってプレイヤーのHPを調べます。もし、0より小さい値であればbreakで内側のwhileブロックを抜けるようにします。

⑰ if hp_brave <= 0:

ここは、外側のwhileの処理です。ここは、内側のwhileの処理が終了したとき、つまりモンスターをやっつけた直後に実行される部分です。ここでも、ifを使ってプレイヤーのHPを調べ、もし、0以下であればbreakで外側のwhileブロックを抜けるようにします。このifブロックがなくても、外側のwhileは「while hp_brave > 0:」を条件にしていますので、放っておいてもブロックを抜けますが、そうすると、このあとに続く⑱までが実行されてしまいます。

▼⑰のifブロックがない場合

```
>>>aはモンスターをやっつけた！   ◄── これが表示されてしまう
>>>aはしんでしまった...
```

　ゲームオーバーの前にモンスターをやっつけたことになってしまうので、そうならないように、プレイヤーのHPが0以下であれば、ifを使って外側のwhileブロックを強制的に抜けるようにしたというわけです。

⑱ print('>>>{}はモンスターをやっつけた！'.format(brave))

ここは、外側のwhileの最後の処理です。内側のwhileブロックを抜けて⑰に進んだあと、ここに来ます。内側のwhileが終了したということはモンスターのHPが0以下ということですので、それを伝えるメッセージを表示します。

⑲ print('>>>{}はしんでしまった...¥n'.format(brave))

battle()関数の最後の処理です。外側のwhileブロックを抜けたということは、プレイヤーのHPが0以下になったということなので、メッセージを表示して関数の処理を終えます。残念ですが、この時点でゲームオーバーです。

プログラムを実行する部分を作ろう

最後に、プログラムを実行するためのコードを書いていきます。これまで、mainモジュールには関数しか書いていませんので、battle()関数を実行するためのコードを用意して、モジュールを実行すると同時にbattle()が呼び出されてゲームが開始されるようにしましょう。

▼ゲームを実行するための処理 (main.py)

```
import random                                              コード
import time
import controller

def choice():
        ·········実装部省略·········
def arm_choice():
        ·········実装部省略·········
def magic_choice():
        ·········実装部省略·········
def is_restart():
        ·········実装部省略·········
def battle():
        ·········実装部省略·········


#====================================================
# プログラムの開始と終了
#====================================================
# Controllerクラスのインスタンス化。
ctr = controller.Controller()───────────────────── ①
# プレイヤーの名前を取得する。
brave = input('なまえをにゅうりょく＞')──────────── ②
# ゲーム開始。
battle()──────────────────────────────────────── ③
# battle()関数が終了したらゲームをもう一度やるかをたずねる。
while True:───────────────────────────────────── ④
```

```
    restart = is_restart()─────────────────── ⑤
    # 規定値が入力されるまで繰り返す
    while (True != restart.isdigit()) or (int(restart) > 1):
        restart = is_restart()


    restart = int(restart)
    if restart == 0:─────────────────────────── ⑥
        # 0が入力されたらbattle()関数を実行。
        battle()
    else:────────────────────────────────────── ⑦
        # 0以外ならループを抜けてプログラムを終了。
        break
```

① ctr = controller.Controller()

mainモジュールの最初の実行コードです。Controllerクラスをインスタンス化し、変数ctrに代入します。

② brave = input('なまえをにゅうりょく＞')

プレイヤーの名前を取得します。取得した名前はbattle()関数内の処理で使用します。

③ battle()

名前を入力してもらったら即、battle()関数を実行してゲームを開始します。

④ while True:

ゲームオーバーすると、battle()関数の処理が終了し、この部分に進みます。ゲームオーバーで即、プログラムを終了するのはあんまりなので、このwhileブロックでゲームの再開と終了を制御します。条件はTrueにしておいて、このあとのif...elseでループを制御します。

⑤ restart = is_restart()

is_restart()関数を実行してゲーム再開か終了かをプレイヤーにたずねます。

⑥if restart == 0:

⑤で取得した値が0であれば、プレイヤーがゲーム再開を望んでいるということなので、battle()関数を呼び出してゲームをスタートします。このifがあるおかげで、ゲームオーバーになっても何度でもゲームを再開できます。

⑦else:

プレイヤーがゲーム再開を望まないのであれば、breakでwhileブロックを抜けます。このあとにはコードが何もないので、この時点でプログラムが終了します。

▶▶ Pythonモジュールをダブルクリックしてプログラムを起動してみよう

それでは、さっそくプログラムを起動してみることにします。main.pyを表示した状態で、Spyderのツールバーにある**ファイルを実行**ボタン ▶ をクリック（または**実行**メニューの**実行**を選択）すると、Anacondaのコンソール上で実行されます。ここで攻撃方法や武器を選択してゲームを進めることができるのですが、せっかくモジュール単位でプログラムを作成したので、main.pyのアイコンをダブルクリックして、直接コンソール（またはターミナル）上で実行してみたいと思います。

ただ、この方法でプログラムを実行するには、拡張子が「.py」のファイルをPythonの実行ファイルに「関連付ける」必要があります。以下の手順で「.py」ファイルを仮想環境上の「python.exe」に関連付ける作業を行ってください。

● プログラムをダブルクリックで起動する方法

python.exeはコンソールアプリ用のPython（実行ファイル）です。これとは別にGUIを持つアプリ用のpythonw.exeという、ファイル名の末尾にwが付いた実行ファイルがありますが、ここではコンソールアプリ用のpython.exeへの関連付けを行います。ここで1つ気を付けたいのが、「仮想環境上のpython.exeに関連付ける」ということです。Anacondaと一緒にPython一式をインストールした場合、あるいはPython単体でインストールした場合は、デフォルトで規定の場所にある実行ファイルへの関連付けが行われています。ただし、この状態だと、実行プログラムが別の環境にあるため、仮想環境で独自にインストールした外部ライブラリがあると、これを使うことができません。なので、次の手順で仮想環境上のpython.exeへの関連付けを行うようにしてください。

 「main.py」のアイコンを右クリックして**プログラムから開く➡別のプログラムを選択**を選択します。

2 このファイルを開く方法を選んでくださいの画面で**常にこのアプリを使って.pyファイルを開く**にチェックを入れ、画面を下にスクロールして**その他のアプリ**をクリックします。

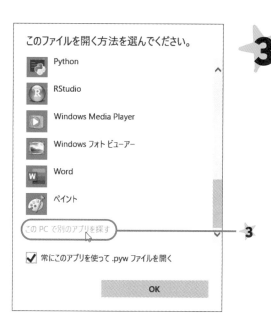

さらに**このPCで別のアプリを探す**をクリックします。

01 はじめよう！プログラミング

02 プログラムの材料

03 処理の流れを作ろう

04 いろんなデータを作ろう

05 プログラムの装置を作ろう

06 インターネットにアクセスしよう

07 プログラムをGUI 化しよう

資料

プログラムから開くダイアログが表示されるので、仮想環境の場所を開きます。Windowsの場合、Anacondaのデフォルトの仮想環境は、Cドライブのユーザー用フォルダー内の「Anaconda3」➡「envs」以下です。本書の場合は「DoTraining」という仮想環境名ですので、「C:¥Users¥UserName¥Anaconda3¥envs¥DoTraining」を開きます。

「python.exe」を選択して**開く**ボタンをクリックします。

　以上で仮想環境上の「python.exe」への関連付けが行われるので、「.py」ファイルのアイコン（ここでは「main.py」）をダブルクリックすれば、コンソール上でプログラムが起動するようになります。

● macOSの場合

拡張子が「.py」のアイコンを右クリックして**情報を見る**を選択します。

このアプリケーションで開くメニューを展開し、**その他**を選択して、「Anaconda3」➡「envs」➡「仮想環境名」フォルダー内にある「python.exe」を選択します。

このアプリケーションで開くの**すべてを変更**をクリックします。

　次は、「main.py」のアイコンをダブルクリックしてコンソール上で実行した結果です（Windowsの場合）。

01 はじめよう！プログラミング

02 プログラムの材料

03 処理の流れを作ろう

04 いろんなゲームを作ろう

05 プログラムの装置を作ろう

06 インターネットにつなげてみよう

07 プログラムをGUI化しよう

資料

○ 実行結果

名前を入力します

攻撃方法を指定します

アイテムを指定します

少しの間を置いて結果が
表示されます

クリアした場合は新たな
モンスターが現れますの
で、ゲームを続けます

ゲームオーバーした場合は
ゲーム再開か終了かを指定
します

　プレイヤーとモンスターのHPの初期値を2にしていますので、バトルがすぐ終わって
しまいますが、バトルを長く続けたい場合は、battle()関数内のhp_braveとhp_monster
の初期値を増やしてみてください。

▼mainモジュールの全体像（main.py）

```
import random                                           コード
import time
import controller


def choice():
    """ 攻撃方法を表示し、ユーザーが選択した攻撃方法を示す値を返す。

    Returns:
        int: 0または1。
    """
    print('こうげき方法をせんたく', end='')
    return input('【ぶきを使う(0)／じゅもんをとなえる(1)】')


def arm_choice():
    """ 武器を表示し、ユーザーが選択した武器を示す値を返す。
```

01 はじめよう！プログラミング

02 プログラムの材料

03 処理の流れを作ろう

04 いろんなデータを覚えよう

05 プログラムの装置を作ろう

06 インターネットにアクセスしよう

07 プログラムをGUI化しよう

資料

```python
    Returns:
        int: 0、1、2のいずれかの値。
    """
    print('\nどのぶきにしますか?', end='')
    return input('【はがねのつるぎ(0)／えいゆうのつえ(1)／おじさんのつえ(2)】')


def magic_choice():
    """ 呪文を表示し、ユーザーが選択した呪文を示す値を返す。

    Returns:
        int: 0、1、2のいずれかの値。
    """
    print('\nどのじゅもんにしますか?', end='')
    return input('【メラメラ(0)／ギラギラ(1)／ベギラママン(2)】')


def is_restart():
    """ ゲームの続行を確認し、ゲーム続行か否かを示す値を返す。

    Returns:
        int: 0、1のいずれかの値。
    """
    return input('もう1回やる(やる(0)／やめる(1))')


def battle():
    """ゲームを実行する関数
    """
    # プレイヤーのHPの初期値を設定。
    hp_brave = 2

    # 外側のwhileブロック
    #
    # プレイヤーのHPが0になるまで繰り返す。
    #
```

```python
while hp_brave > 0:
    # モンスターをランダムに設定して表示する。
    monster = random.choice(
                ['スライムン', 'あばれるうしくん', 'さんぞく']
                )
    # モンスターの出現を通知する。
    print('¥n>>>{}があらわれた！¥n'.format(monster))
    # モンスターのHPの初期値を設定
    hp_monster = 2

    # 内側のwhileブロック
    #
    # モンスターのHPが0になるまで繰り返す
    #
    while hp_monster > 0:
        # プレイヤーに攻撃方法を選択してもらう。
        tool = choice()
        # 規定値が入力されるまで繰り返す。
        while (True != tool.isdigit()) or (int(tool) > 1):
            tool = choice()
        # 入力された値をint型に変換する。
        tool = int(tool)
        if tool == 0:
        # 武器が選択された場合は何を使うかを選択してもらう。
            arm = arm_choice()
            # 規定値が入力されるまで繰り返す
            while (True != arm.isdigit()) or (int(arm) > 2):
                arm = arm_choice()
        else:
            # 武器が選択されなかった場合はどの呪文を使うかを選択してもらう。
            arm = magic_choice()
            # 規定値が入力されるまで繰り返す
            while (True != arm.isdigit()) or (int(arm) > 2):
                arm = magic_choice()
```

01 はじめよう！プログラミング

02 プログラムの材料

03 最強の武器を作ろう

04 いろいろなデータを扱ってみよう

05 プログラムの装置を作ろう

06 インターネットにアクセスしてみよう

07 プログラムをGUI化しよう

資料

```python
    # 選択された攻撃手段をint型に変換する。
    arm = int(arm)

    # 攻撃の開始を通知
    print('¥n>>>{}のこうげき！！'.format(brave))
    # Controllerクラスのattack()を実行して応答を取得する。
    # 引数は攻撃手段armの値に1を足した値とし、これを変動値とする。
    result = ctr.attack(arm + 1)

    # 1秒待機して応答メッセージを出力する。
    time.sleep(1)
    print('>>>' + result[0])

    # プレイヤーのHPとモンスターのHPを増減してそれぞれのHPを出力。
    hp_brave += result[1]
    hp_monster -= result[1]
    print('*******************')
    print('{}のHP：{}'.format(brave, hp_brave))
    print('{}のHP：{}'.format('モンスター', hp_monster))
    print('*******************¥n')

    # プレイヤーのHPが0以下なら内側のwhileブロックを抜ける。
    if hp_brave <= 0:
        break
# プレイヤーのHPが0以下なら外側のwhileブロックを抜ける。
if hp_brave <= 0:
    break

    # モンスターのHPが0になれば内側のwhileを抜けて以下を出力する。
    # その後、外側のwhileの先頭に戻って新たなモンスターを出現させる。
    print('>>>{}はモンスターをやっつけた！'.format(brave))

# プレイヤーのHPが0以下であれば外側のwhileを抜けて以下を出力する。
print('>>>{}はしんでしまった...¥n'.format(brave))
```

```python
#================================================
#  プログラムの開始と終了
#================================================
#  Controllerクラスのインスタンス化。
ctr = controller.Controller()
#  プレイヤーの名前を取得する。
brave = input('なまえをにゅうりょく＞')
#  ゲーム開始。
battle()
#  battle()関数が終了したらゲームをもう一度やるかをたずねる。
while True:
    restart = is_restart()
    #  規定値が入力されるまで繰り返す
    while (True != restart.isdigit()) or (int(restart) > 1):
        restart = is_restart()

    restart = int(restart)
    if restart == 0:
        #  0が入力されたらbattle()関数を実行。
        battle()
    else:
        #  0以外ならループを抜けてプログラムを終了。
        break
```

01 はじめよう！プログラミング

02 プログラムの基礎

03 装置の部品を作ろう

04 いろいろなデータを作ろう

05 プログラムの装置を作ろう

06 インターネットにアクセスしてみよう

07 プログラムをGUI化しよう

資料

practice 練習問題

解答は308ページ

1 関数とメソッド -------------------------------------- 難易度★★★★

関数の形態について3つ答えてください。

▶▶ヒント：本文165～168ページ参照

2 クラス -- 難易度★★★★

クラスとは何のためのものなのかを答えてください。

▶▶ヒント：本文169～171ページ参照

3 継承 -- 難易度★★★★★

継承とは何をするもので、その目的は何なのかを答えてください。

▶▶ヒント：本文175ページ参照

COLUMN コンソールがすぐに閉じてしまう件

　Pythonのモジュールをダブルクリックしてコンソール上で実行した場合、本節で作成したバトルゲームは対話形式のプログラムなので、プログラムが終了するまでコンソールが開いています。しかし、controller.pyやresponder.pyなどのモジュールをダブルクリックして実行した場合、プログラムが実行されたあとコンソールが一瞬で閉じてしまいます。この場合、プログラムの実行ブロックの最後に

```
input()
```

のコードを入れておくと、何かキーが押されるまでコンソールが閉じないようになります。

MEMO

Chapter 6

インターネットに
アクセスしてみよう

さて、そろそろインターネットに出かけてみましょうか。これまでは、コンピューター内部にあるデータを使ってプログラムを作ってきましたが、開発用のコンピューターを離れ、広大なインターネットの世界をプログラムから覗いてみる、ということをやってみたいと思います。

幸いなことに、Pythonにはインターネット（Web）にアクセスするための専用の外部モジュールが用意されています。Anaconda Navigaterでインストールすれば、プログラム側から簡単に好きなサイトにアクセスできます。

一方、インターネットの世界では、コンピューター同士でデータのやり取りが行える**Webサービス**が以前から公開されています。通常、Webサイトの情報はブラウザーで見るものですが、その情報をコンピューター用として配信しているサービスです。これを使わない手はありません。はたして、Pythonでネットを楽しむことができるのか、さっそく見ていくことにしましょう。

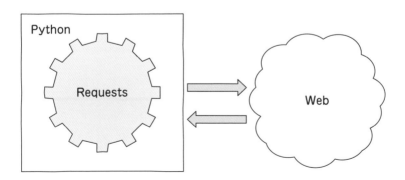

Section 01 外部モジュール「Requests」をインストールする

Pythonの外部ライブラリに、インターネットにアクセスするための「Requests」があります。ライブラリとは、Pythonのモジュールをまとめたもので、ネット上では様々な形態のライブラリが無料で公開されています。

仮想環境にRequestsをインストールしよう!

　Requestsは、Anaconda Navigator で簡単にインストールすることができます。さっそく、次の手順でインストールしましょう。

① Anaconda Navigator を起動し、**Environments** タブをクリックして、使用している仮想環境を選択します。続いて、右側のペイン上部のドロップダウンメニューから **Not installed** を選択し、検索ボックスに「requests」と入力します。

[Environments] タブをクリック

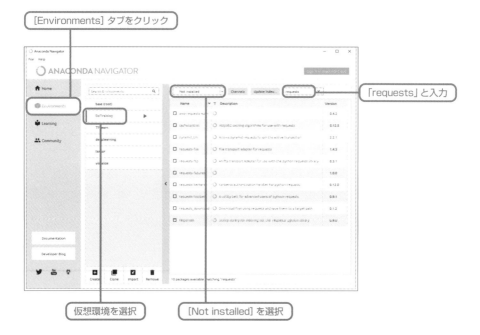

仮想環境を選択　　　　[Not installed] を選択

「requests」と入力

②インストールされていないライブラリの一覧が表示されるので、**requests**にチェックを入れて**Apply**ボタンをクリックします。

[requests] にチェックを入れる

[Apply] ボタンをクリック

③先の**Apply**ボタンをクリックしたあとの続きです。Requestsが依存するライブラリを含めて、インストールされるライブラリの一覧がダイアログに表示されるので、このままの状態で**Apply**ボタンをクリックします。

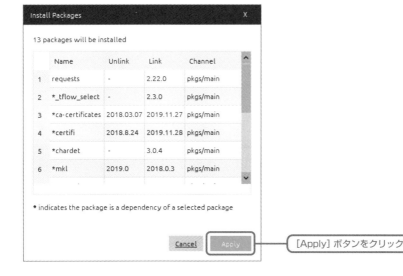

[Apply] ボタンをクリック

注意

Requestsがすでにインストール済みの場合は**Not installed**の一覧にrequestsは表示されません。この場合は、右側のペイン上部のドロップダウンメニューから**Installed**を選択し、検索ボックスに「repuests」と入力します。ライブラリの一覧に「requests」が表示されれば、すでにインストール済みなのでこのあとの操作は不要です。

▼Requestsがすでにインストール済みの場合

[Installed] を選択

[requests] が表示されていればすでにインストール済み

「requests」と入力

「Requests」を利用してネットに接続する

Requestsのインストールが済みましたら、さっそくPythonのソースコードを入力してネットに接続してみましょう。

Requestsを利用してWebサイトにアクセスする

まずは「URLを指定してアクセスする」という最も基本的なことをやってみましょう。Requestsの**get()メソッド**を使うと、簡単にアクセスできます。get()メソッドは、たんにアクセスするだけでなく、アクセス先のWebサーバーからWebページのデータを取得する、ということまでやってくれます。Jupyter Notebookを起動して、Notebookのセルに次のように入力してみてください。

▼Notebookのセルで Requestsのget()メソッドを実行

コード

```
import requests                               # requestsのインポート
rq = requests.get('https://www.yahoo.co.jp')  # get()メソッド実行
print(rq.text)                                # 戻り値を表示
```

IN

セルに入力したコードを実行すると、次のようになりました。

大量の
HTMLデータが
出力されました。

取得したデータをprint()で出力したところ、大量の（しかも数百行の）データが表示されました。これがYahoo! JAPANのトップページのデータです。

▶▶ HTTPのGETというメソッド

Webページの表示は、**HTTP**という**通信規約**（Web上で通信を行うための約束事）を使って行われるのですが、このときにHTTPのGETというメソッドが使われます。

◯ ブラウザーがGETメソッド（リクエスト）を送信してWebページが表示される流れ

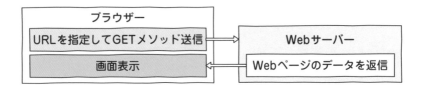

ブラウザーがGETメソッドをWebサーバーに送信するとサーバーからWebページのデータが返ってくる、という流れでブラウザーへの表示が行われますが、このやり取りは**リクエスト（要求）メッセージとレスポンス（応答）メッセージ**を使って行われます。メッセージというのが不思議な感じがしますが、実際に次のようなテキストベースのデータがやり取りされます。

▼GETメソッドにおけるリクエストメッセージのヘッダー部（ブラウザーが送信）

```
Accept: text/html, application/xhtml+xml, application/xml;
q=0.9, */*; q=0.8
Accept-Encoding: gzip, deflate, br
Accept-Language: ja
Cache-Control: max-age=0
Cookie: btpdb.2wzBV9u.dGZjLjEwNzQwOTQ2MA=REFZU......
Host: www.yahoo.co.jp
Upgrade-Insecure-Requests: 1
User-Agent: Mozilla/5.0 (Windows NT 10.0; Win64; x64)
AppleWebKit/......
```

メッセージは、GETメソッドの内容を表す**リクエストライン**、詳細情報を表す**リクエストヘッダー**（ヘッダー部）、送信データを添付する**メッセージボディ**の3つの部分で構成されます。

◯ リクエストラインの構造

| GET〔またはPOST〕 | 要求するコンテンツの場所〔URI〕 | 使用しているプロトコルとバージョン |

▼GETメソッドのリクエストライン

```
GET https://www.yahoo.co.jp HTTP/1.1
```

↑ メソッド名

↑ 要求するコンテンツの場所（URL）

↑ 使用しているプロトコルとバージョン

▶▶ Webサーバーから返されたレスポンスメッセージ

　次は、Webサーバーから返されたレスポンスメッセージです。レスポンスメッセージも、応答内容を示す**ステータスライン**、詳細情報を示す**レスポンスヘッダー**、送信データを格納する**メッセージボディ**の3つの部分で構成されます。

▼レスポンスメッセージの例（Webサーバーが送信）

```
status 200 ──────────────── ステータスライン
cache-Control: private, ──────── 以下、レスポンスヘッダー
no-cache, no-store, must-revalidate
content-Encoding: gzip
content-Type: text/html; charset=UTF-8
date: Mon, 16 Mar 2020 09:41:13 GMT
expires: -1
Pragma: no-cache
Server: ATS
vary: Accept-Encoding
x-Content-Type-Options: nosniff
x-frame-options: SAMEORIGIN
x-vcap-request-id: 7153fbf7-48de-408a-59fd-84db432dacde
x-xss-protection: 1; mode=block
──── 空行（CR+LF）
<!DOCTYPE html> ──────────── 以下、メッセージボディ
<html lang="ja">
<head><meta charSet="utf-8"/>
<meta http-equiv="X-UA-Compatible"
content="IE=edge,chrome=1"/>
<title>Yahoo! JAPAN</title>
<meta name="description" content="あなたの毎日をアップデートする情
報ポータル。検索、ニュース、天気、スポーツ、メール、ショッピング、オークションなど便
利なサービスを展開しています。"/>
......省略......
```

▼レスポンスメッセージのステータスライン

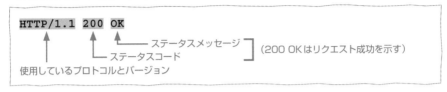

　Webサーバーから返ってきたメッセージボディの中にWebページのデータ（HTML
データ）が格納されていますので、ブラウザーはこれを解析して画面表示を行います。
WebページはHTMLという言語で記述されていますが、すべてテキスト形式のコードで
す。

　なお、Webページに画像などのデータが含まれている場合、ブラウザーは引き続き画像
を取得するためのリクエストメッセージを送信し、Webサーバーからデータを送ってもら
います。Webサーバーから返された最初のデータはWebページの骨格となる部分なので、
画像などの付加的なデータは再度、リクエストを繰り返すことで取得していくという流れ
になります。本来であれば、ブラウザーから「https://www.yahoo.co.jp」にアクセスすれ
ば、複数回のリクエストによって「Webページ本体の取得」➡「サイドバーの取得」が行わ
れることで完全な状態のWebページが表示されます。

　でも「get()で取得したWebページには画像も表示されている」という疑問があります。
「Webページ本体の取得」➡「画像の取得」とリクエストを繰り返さないとWebページに
画像は表示されないはずです。これはget()で取得したデータを表示した時点で、ブラウ
ザー側から画像を取得するリクエストが送信されたためです。

レスポンスメッセージからデータを取り出してみる

　requestsのget()メソッドはアクセス先のURLを引数にすることで、Webサーバー
から返されたレスポンスメッセージをResponseクラスのオブジェクトに格納し、これを戻
り値として返してきます。Responseには以下のプロパティがあるので、これを指定する
ことで必要なデータを取り出すことができます。

▼Responseオブジェクトのプロパティ

プロパティ	内容
status_code	ステータスコード。
headers	ヘッダー情報。
encoding	文字コードのエンコード方式。
text	メッセージボディ。

▼ステータスコードを取得

```
IN   rq = requests.get('https://www.yahoo.co.jp')
     rq.status_code
OUT  200
```
コードと
実行結果

▼レスポンスのヘッダー情報を取得

コードと
実行結果

```
IN   rq.headers
OUT  {'Cache-Control': 'private, no-cache, no-store, must-revalidate',
      'Content-Encoding': 'gzip',
      'Content-Type': 'text/html; charset=UTF-8',
      'Date': 'Mon, 16 Mar 2020 10:31:25 GMT', 'Expires': '-1',
      'Pragma': 'no-cache',
      'Set-Cookie': 'B=ac5ud29f6ulbt&b=3&s=pj; ……,
      'Vary': 'Accept-Encoding',
      'X-Content-Type-Options': 'nosniff',
      'X-Frame-Options': 'SAMEORIGIN',
      'X-Vcap-Request-Id': '1548c789-7271-4edc-6b8c-360b3fdd0cb9',
      'X-Xss-Protection': '1; mode=block',
      'Age': '0',
      'Transfer-Encoding': 'chunked',
      'Connection': 'keep-alive',
      'Via': 'http/1.1 edge2533.img.umd.yahoo.co.jp (Apache……)',
      'Server': 'ATS'}
```

▼文字コードのエンコード方式を取得

```
IN   rq.encoding
OUT  UTF-8
```
コードと
実行結果

Section 03 Web APIで役立つ データを入手する

前節では、requestsのget()メソッドでWebページのHTMLデータを取得してみました。今回はWebサービスを利用したデータの取得について見ていきます。

Webサービスを利用するためのWeb API

インターネットを利用したWeb通信網では、当初、Webページのやり取りだけが行われていましたが、「もっと便利にデータをやり取りする」手段として**Webサービス**が開始されました。Webサービスとは、大まかにいえば、Webの通信の仕組みを利用して、コンピューター同士で様々なデータをやり取りするためのシステムのことを指します。

「様々なデータ」といってもピンときませんが、Web上では日々のニュースや気象情報、災害対策、地図、動画、音楽、さらには検索サービスなど、ありとあらゆる情報が発信されています。これらの情報をWebページとして配信するだけでなく、必要な情報のみをデータとして配信しているのがWebサービスです。

▶▶「Webサービス」とは

「Webサービス」と、ひと言でいっても、幅広い範囲の技術を用いて構成されていますので、「ネットワーク上にある異なるアプリケーション同士が相互にメッセージを送受信してアプリケーションを連携させる技術」のことだと考えてもらえればよいかと思います。

ブラウザーを利用してWebページを閲覧するのは、いわば「人」対「システム」の関係で成り立っていますが、Webサービスは「プログラム」対「プログラム」の関係でデータのやり取りが行われます。要求する側のプログラムが何らかのリクエストを送信し、Webサーバーのプログラムがレスポンスを返す、という流れです。

▶▶ Webサービスを利用すための「Web API」

リクエストを送信するプログラムは、もちろんPythonで作成できます。一方、リクエストに応答するプログラムはWebサーバー側に用意されているのですが、これを**Web API**と呼びます。**API**とは「Application Programming Interface」の略で、何らかの機能を提供するための「窓口」となるプログラム（あるいは仕組み）のことを指します。WindowsにもWindows APIが用意されていて、Cというプログラミング言語を使うことで、Windowsの機能を直接、利用できるようになっています。

Web APIの話に戻りましょう。Web APIは、Webを通じて使うことができるAPIで、主にWebサービスを運用している企業やその他の団体、または個人が提供しています。

○ Web APIのイメージ

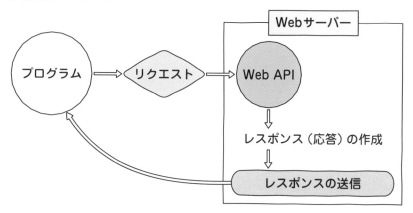

Web APIには、指定されたURLを使ってアクセスします。
なお、配信用のデータがあらかじめ用意されていることも
あるので、このような場合はWeb APIを介さずに
直接データのURLを指定して情報を入手します。

Section 04 ニュースサイトから情報を収集してみよう

Webサイトの情報を配信する仕組みとして、RSSというサービスがあります。Webサービスのように APIを使って配信するのではなく、XML言語で書かれた「まとめページ」みたいなものを公開するサービスです。

RSSというサービス

RSSを利用したサービスは、ニュースサイトやブログなどに掲載された記事の見出しや要約をまとめ、これをRSS技術を使って**RSSフィード**として配信します。これを利用すれば、Webサイトの更新情報や記事の要約などを素早くチェックすることができるというわけです。

通常ですと、いつも閲覧するページはブラウザーの「お気に入り」に登録しておいて、定期的にアクセスすることで、更新された最新の情報を読むわけですが、RSSフィードをRSSリーダーと呼ばれる専用のアプリに「お気に入り」のように登録しておくと、各サイトやブログの新着情報を一度にチェックすることができます。

▶▶「スクレイピング」で必要な情報のみをゲット!

このようなRSSフィードはXML言語をベースにして書かれていますので、これをプログラムから読み込んで利用することももちろん可能です。ただ、RSSフィードを丸ごと読み込んだあと、「必要な情報を取り出す」処理が必要です。Webサイトからページの情報を丸ごと取得することを**クローリング**と呼ぶのに対し、クローリングして集めたデータから必要なものだけを取り出したり、使いやすいようにデータのかたちを変えることを**スクレイピング**と呼びます。「削ってはがす」という意味の「scrape」が由来です。

Section 02で「Yahoo! JAPAN」のトップページのデータを取得しました。これがクローリングです。これに対し、スクレイピングでは、取得してきたデータの中からHTMLの本体を示す<body>タグの中身だけを抜き出して使いやすいように加工する、といったことを行います。

スクレイピング専用のBeautifulSoup4ライブラリ

　スクレイピング専用の「BeautifulSoup4」というライブラリが公開されていて、Anaconda Navigatorで簡単にインストールすることができます。

　Webページを構成するHTML言語は、タグと呼ばれる目印のような記述を使ってページ内にテキストや画像などを配置していきます。Webページ全体は<html>と</html>タグの間に書き、ヘッダー部分は<head>～</head>、ページの本体部分は<body>～</body>の間に書くという具合です。BeautifulSoup4を利用すると、HTMLの特定のタグの中身を取り出せるので、「Webページから必要な情報だけを抜き出す」ことが容易になります。

　BeautifulSoup4の優れているところは、始まりと終わりのタグが対になっていなくても中身の取り出しができることです。本来、HTMLのタグは<html>～</html>のように始まりのタグがあれば、それを閉じるタグを配置しなくてはなりません。ですが、広大なWeb上には「タグを閉じ忘れている」ページがよくあります。BeautifulSoup4は、そのような閉じ忘れのタグもきちんと処理してくれるのです。もちろん、HTMLとよく似たXMLも同様に処理できますので、RSSのデータを入手してスクレイピングするのも簡単です。

　では、BeautifulSoup4を仮想環境上にインストールすることにしましょう。

①Anaconda Navigatorを起動し、**Environments**タブをクリックして、使用している仮想環境を選択します。続いて、右側のペイン上部のドロップダウンメニューから**Not installed**を選択し、検索ボックスに「beautifulsoup4」と入力します。するとライブラリの一覧が表示されますので、**beautifulsoup4**にチェックを入れて**Apply**ボタンをクリックします。

▼Anaconda Navigator

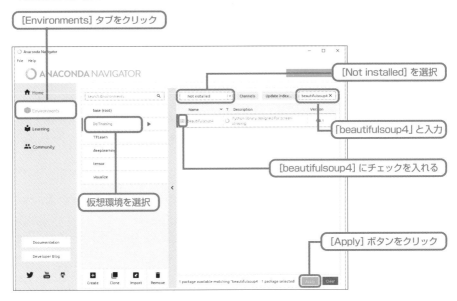

②beautifulsoup4が依存するライブラリを含めて、インストールされるライブラリの一覧がダイアログに表示されるので、このままの状態で**Apply**ボタンをクリックします。

▼インストールされるライブラリの一覧

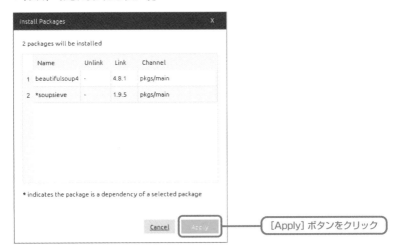

「Yahoo!ニュース」のヘッドラインを取得してみよう

Yahoo! JAPANでは、様々なジャンルの最新ニュースをRSSで配信しています。

○「Yahoo!ニュース」が配信するRSSの一覧ページ

https://headlines.yahoo.co.jp/rss/list

ヘッドラインを
見るためのRSS
ボタンが並んで
います。

様々なジャンルのニュースに**RSS**ボタンが付いています。これをクリックすると配信されているRSSを見ることができます。

○「トピックス」カテゴリの「科学」の**RSS**ボタンをクリックして配信されている内容を見たところ

ニュースのヘッド
ラインが表示され
ます。

RSSとして配信されているXMLのデータ（XMLドキュメント）が表示されました。
Microsoft EdgeではXMLがそのまま表示されますが、ブラウザーによってはWebページとして表示してくれるものもあります。XMLドキュメントの中身は、ニュースの内容を表す**ヘッドライン**です。よく見ると、これらのヘッドラインは<item>タグの中にある<title>タグで囲まれていることがわかります。ということは、<title>タグの中身だけをスクレイピングすれば、最新ニュースのヘッドラインだけをまとめることができそうです。

▼「Yahoo!ニュース」が配信するRSSからヘッドラインを抜き出す（Notebookのセルに入力）

IN

コード

```
import requests
from bs4 import BeautifulSoup ──────── ①

xml = requests.get(
    'https://news.yahoo.co.jp/pickup/science/rss.xml') ── ②
soup = BeautifulSoup(xml.text, 'html.parser') ──── ③
for news in soup.findAll('item'): ──────── ④
    print(news.title.string) ──────── ⑤
```

①においてBeautifulSoup4をインポートするのですが、具体的にはbs4というモジュールからBeautifulSoupクラスをインポートするようにします。

②でget()メソッドを実行します。URLは特定のジャンルのRSSにアクセスするためのもので、「Yahoo!ニュース」が配信するRSSの一覧ページで特定のニュースの**RSS**ボタンをクリックしたときに表示されるページのURLです。前ページ下の画面のアドレス欄に表示されているのが、そのニュースのRSSのURLです。リクエストを送信すれば、RSSページのXMLデータが丸ごとダウンロードされます。

③でBeautifulSoupクラスをインスタンス化します。インスタンス化の際は、対象のXMLやHTMLのデータを引数にします。

▼BeautifulSoupクラスのインスタンス化

```
soup = BeautifulSoup(xml.text, 'html.parser')
```
xmlはrequestsのResponseオブジェクト↑
なのでtextプロパティでテキストとして取り出す
↑スクレイピングを行うときに
第2引数として指定

④でBeautifulSoupクラスのfindAll()メソッドによりスクレイピングを行います。取り出したいのは<item>タグの中にある<title>タグで囲まれたヘッドラインの文字列なので、まずはfor文で、XMLデータの中にある<item>タグの中身を1つずつ取り出します。なお、<item>を引数にする際は、<＞を外してタグの中身（要素）の部分だけを書きます。

▼取り出した<item>タグの1つ

```
<item>
<title>外に出たネコはどこへ？ 調査</title>
<link>https://news.yahoo.co.jp/pickup/6354420</link>
<pubDate>Wed, 18 Mar 2020 01:01:45 +0900</pubDate>
<enclosure
  type="image/gif"
  url="https://s.yimg.jp/images/icon/photo.gif"
  length="133"> </enclosure>
<guid isPermaLink="false">yahoo/news/topics/6354420</guid>
</item>
```

⑤で画面に出力しますが、findAll()メソッドが返すのはBeautifulSoupのTagクラスのオブジェクトです。そこで、Tagクラスのtitleプロパティで<title>〜</title>を取り出します。

▼news.titleで<title>タグを取り出す

```
<title>外に出たネコはどこへ？ 調査</title>
```

さらにstringプロパティで<title>タグの中身を取り出します。

◯ news.title.stringの結果

```
外に出たネコはどこへ？ 調査
```

これをすべての<item>タグに対して行えば、ニュースのヘッドラインがセルの下に出力されます。

○ プログラムの実行結果

(OUT)

新型には抗炎症薬避けて WHO

アビガンが治療に有効性 中国

がん10年生存率 57.2%に改善

換気扇の下の喫煙 子への影響

家族がコロナ感染 別の寝室を

新型ワクチン臨床試験開始 米

リュウグウの岩石はスカスカ

外に出たネコはどこへ? 調査

　今回は、RSSで配信されているXMLデータをスクレイピングしてみましたが、普通の
WebページのHTMLデータをスクレイピングするのも簡単です。欲しい情報がどのタグ
に埋め込まれているのかを知る必要がありますが、これさえわかれば本節のソースコード
を改良すればうまくいきます。ぜひ、いろいろなサイトで試してみてください。

practice 練習問題 解答は308ページ

1 Webデータのやり取り ----------------------------------- 難易度★★★★

　インターネットではWebページのデータをやり取りするのに何が使われているのかを答えて
ください。

▶▶ヒント：本文222ページ参照

2 Webへのアクセス ----------------------------------- 難易度★★★★

　Webにアクセスするためのモジュール名と、データを取得するためのメソッドの名前を答え
てください。

▶▶ヒント：本文221ページ参照

3 Webデータの取り扱い ----------------------------------- 難易度★★★★★

　Webデータをプログラムで扱いやすい形式にすることを何といいますか。

▶▶ヒント：本文228ページ参照

プログラムを
GUI化しよう

　さあ、残すところこの章のみとなりました。これまで、いろいろなプログラムを作って、ちょっとしたゲームらしきものをシミュレートしたりしました。

　でも、これまでのプログラムは、コンソールの画面でやり取りするものでした。いわゆるCUI（キャラクターベースの画面）のプログラムでした。プログラムとして動作させるには、もちろん十分ですが、やっぱりWindowsとかのデスクトップで動くカッコいいものを作ってみたいものです。

　そういうわけで、本書の締めくくりとしてGUI、いわゆる「グラフィカルなユーザーインターフェイス」を備えたプログラムを開発したいと思います。プログラムの処理自体はシンプルなものですが、操作画面を持つことで一気にグレードアップしたようにも見え、プログラムが動いたときの感動もひとしおです。

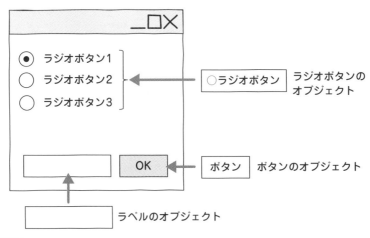

PyQt5ライブラリと Qt DesignerでGUIアプリを開発！

Pythonの GUI 開発用ライブラリでは「Tkinter（ティキンター）」が有名で、本書の第1版ではこれを利用した開発を行いました。一方、クロスプラットフォーム（異なる環境上で動作すること）のGUI開発用のフレームワーク、Qt（キュート）をPythonに移植したPyQt（パイキュート）が人気です。

PyQt5ライブラリとQt Designer

冒頭でお話ししたQtは高品位なGUI部品（ウィジェット）を備え、OpenGLやXMLに対応……等々、その特徴についてはいろいろありますが、何といってもありがたいのは、AnacondaにはQtを利用してアプリの画面（GUI）を開発するためのツール（「UIデザイナー」と呼ばれる）「Qt Designer」がもれなく付属することです。これを使えば、画面開発がものすごくラクになります。

▶▶ PyQt5

C++で開発されているQtをPythonから利用できるようにした、いわゆる「Pythonバインディング」（「Pythonに移植した」ともいう）の最新バージョンです。PyQt5には、本体以外にもQt Designerをはじめとする様々な便利ツールが付属していますので、ライブラリというよりはフレームワークと呼んだ方が適切でしょう。Anacondaをインストールすると、PyQt5一式もインストールされるので、新たにダウンロードしてインストール、という手間は不要です。Qt Designerと共にすぐに使えます。

▶▶ Qt Designer

Qt専用のUIデザイナーです。前述したようにAnacondaと一緒にインストールされるPyQtに含まれていますので、すぐに使えます。最初に起動するときだけ、インストールされているフォルダーを見付ける手間がかかりますが、実行ファイルのショートカットを作ってしまえば問題ありません。

また、Qt Designerは作成した画面をXMLデータとして出力するだけなので、Jupyter

---

* WYSIWYG

「What You See Is What You Get」の略で、見たとおりのものが得られることを指す。DTPソフトだと、Illustrator、InDesignなどがWYSIWYGである。Web系では、Dreamweaver、ホームページ・ビルダーなど。

NotebookやSpyderのように仮想環境を意識しながら起動する手間は不要です。何より
WYSIWYG※のアプリなので、画面の見た目そのままにドラッグ＆ドロップで画面開発が
行えるのがスバラシイです。

Qt DesignerでPythonアプリを作る手順

Qt Designerは、AndroidなどのスマホアプリのUI画面や、その他のアプリのUI画面の
データとして使われている、XML形式で画面データ出力します。こうなっているのは、ク
ロスプラットフォームのツールとして、どのような環境にも対応するためです。とはいえ、
このままだとPythonで使えませんので、XML形式の画面データをPythonのコードに変
換（コンバート）してから利用することになります。

▼Qt DesignerでPythonアプリを作る流れ

・Qt Designerで画面を作ってXMLデータをUI形式のファイルに出力する。
・出力されたUI形式ファイルをPyQtのコマンドでPythonのコードに変換（コンバー
　ト）する。画像などのリソースを使用する場合は、リソースファイルのコンバートも
　行う。
・Python形式にコンバートされたモジュールをプログラム側でインポートして使う。
　このとき、Python側の開発はSpyderで行う。

以上で、プログラムにGUIのきれいな画面を組み込むことができます。もちろん、「ボタ
ンがクリックされたら××」などの処理は、Qt Designerで画面を作るときに設定できる
ので、画面とプログラムの連携に頭を悩ます必要はありません。

あと、Pythonの開発ツールは、モジュール単位での開発がしやすいSpyderを使うこと
にします。そういうわけで、今後の開発は、Qt DesignerとSpyderの2本立てで行うこと
になります。

まずはQt Designerを呼んでこよう

Qt DesignerはAnacondaをインストールする際に、Anacondaのインストールフォ
ルダー以下にインストールされるようになっています。具体的なインストール先ですが、
次のAnacondaのインストールフォルダーにあります。

Anaconda3 ➡ Library ➡ bin ➡ designer.exe

ディレクトリ構造を矢印で示して怒られそうですが、Anaconda3からたどっていけ
ば、そこにQt Designerの実行ファイル「designer.exe」があります。Windowsなら
「Anaconda3」フォルダーは、ユーザー用のフォルダー直下（Anacondaを特定のユー
ザーのみで使用する場合）、またはCドライブ直下の「Program Files」または「Program
Files（x86）」（Anacondaをすべてのユーザーで使用する場合）にあります。macOSの
場合は「Applicationフォルダー」内にあります。

　さて、無事に「designer.exe」を見付けられたら、まずはそのショートカットを作成し
て、任意の場所に置きましょう。毎回、ディレクトリをたどるのは面倒です。Windowsな
ら**スタート**メニューに登録してもよいかもしれません。

▶▶ Qt Designerの起動

　「designer.exe」、またはそのショートカットをダブルクリックするとQt Designerが起
動します。

▼Qt Designerを初めて起動したときの画面

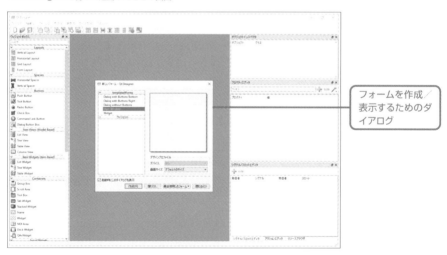

フォームを作成／
表示するためのダ
イアログ

　新しいフォームダイアログが中央に表示され、Qt Designerが起動しました。Qt
Designerの初期画面では、このようにフォーム（GUIの土台となる部品です）を作成する
ためのダイアログが表示され、ここでフォームを作成するか、もしくは作成済みのフォーム
を読み込むかを指定して、作業を開始するようになっています。

　終了は、通常のアプリと同様に**閉じる**ボタンをクリックするか、**ファイル**メニューの**終了**
を選択することで行えます。

まずは今回、開発する プログラムについて

今回作成するプログラムは、ズバリ「天気予報」プログラムです。LINE 社が提供する天気情報の Web サービス「Weather Hacks」を利用して、希望の地域の直近3日間の天気予報をリアルタイムに取得して画面に表示する、というプログラムです。

天気予報を配信する Web サービス「Weather Hacks」

LINE 社が提供する天気情報サービスでは、「Weather Hacks（ウェザーハックス）」という Web サービスを提供しています。

▼Weather Hacks のサイト (http://weather.livedoor.com/weather_hacks/)

Weather Hacks の
トップページ。

Web API の使用や使い方の詳しい説明は、以下のページにまとめられています。

▼Web APIの解説ページ (http://weather.livedoor.com/weather_hacks/webservice)

Web APIを利用する
ときのガイド。

東京の天気予報を知るためのURLを作ろう

　天気予報の対象地域は、各都道府県ごとに複数箇所あり、各地方には識別用の6桁のid
が割り当てられていますので、これを指定すると目的の地域の天気予報を取得できる仕組
みになっています。

　idの一覧は、「http://weather.livedoor.com/forecast/rss/primary_area.xml」の
ページにまとめられています。XML言語で書かれていますのでちょっとわかりずらいです
が、「city title＝地域名」に続く「id＝」以下の6桁の数字が、その地域のidになります。

▼地域別idを調べるページ

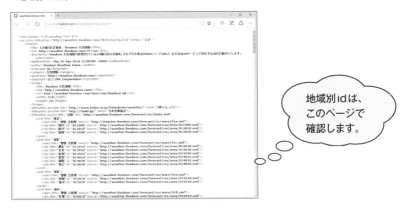

地域別idは、
このページで
確認します。

ちなみに東京のidは「130010」でした。では、さっそく東京の天気予報を取得してみましょう。おっと、Web APIを利用するためのURLがまだでした。以下のURLにHTTPのGETリクエストを送信すると、天気予報のデータが返ってきます。ただし、地域のidも伝える必要がありますので、これを「**クエリ情報**」としてURLに付加します。クエリ情報とは、URLの末尾に付加して送信する情報のことです。Weather Hacksの地域を指定するクエリ情報のキーは「city」なので、東京地方のクエリ情報は「city=130010」になります。これをURLの末尾に「?」を付けてそのあとに書けば、クエリ情報を含んだURLの出来上がりです。

▼Weather HacksのWeb APIのURL

```
http://weather.livedoor.com/forecast/webservice/json/v1
```

▼東京地方のクエリ情報を付加したURLを作る

```
http://weather.livedoor.com/forecast/webservice/json/v1?city=130010
```

requestsのget()で天気予報をゲット！

　Weather Hacksから返されるデータは、通常のテキスト形式ではなく、「JSON（ジェイソン）」形式のデータとなっています。JSONはJavaScript Object Notationの略で、XMLなどと同様のテキストベースのデータフォーマットです。名前のとおり、Webアプリの開発に使われるJavaScript言語のデータ形式ではありますが、JavaScript専用ではなく、様々なソフトウェアやプログラミング言語間におけるデータの受け渡しに使えるようになっています。

　JSONでは、値を識別するためのキーと値のペアをコロンで対にして記述します。さらに、これらのキーと値のペアをカンマで区切って列挙し、全体は{}でくくります。

```
{"name": "Taro Shuuwa", "age": 31}
```

注意が必要なのは、キーとして使うデータ型は文字列に限るという点です。また、文字列を囲むのにシングルクォート「'」を使うことはできませんので、ダブルクォート「"」で囲みます。JavaScriptのデータ形式ではありますが、Pythonの辞書とまったく同じですね。なので、JSONデータは、Pythonで問題なく扱うことができます。

　ただし、JSONの仕様でデータ内のASCII文字（アルファベットや数字、記号など）以外の文字は「Unicodeエスケープ」という変換処理が行われています。この処理によって、Unicode（ユニコード）の文字番号が4桁の16進数に置き換えられて、冒頭に「¥u」が付けられます。

▼「東京」をUnicodeエスケープした場合

```
¥u6771¥u4eac
```

　なので、JSONをそのまま取得してもUnicodeエスケープされた状態ですので、意味不明の文字列が並んでいることになります。そこで、もとの文字に戻す「デコード」という処理を行います。Requestsライブラリには、JSONデータをもとの文字列にデコードしてくれるjson()関数があります。json()はResponseオブジェクトの関数なので、

```
data = requests.get(url).json()
```

と書けば、変換済みのJSONデータを取得できます。では、やってみましょう。

▼Weather HacksのJSONデータをjson()で加工したものを取得（Notebookで実行）

コードと
実行結果

IN
```
import requests
url = 'http://weather.livedoor.com/forecast/webservice/json/v1?city=130010'
data = requests.get(url).json()
data
```

OUT
```
{'pinpointLocations':
 [{'name': '千代田区', 'link': 'http://weather.livedoor.com/area/forecast/1310100'},
  {'name': '中央区', 'link': 'http://weather.livedoor.com/area/forecast/1310200'},
 …]
 ......中略......
 'title': '東京都 東京 の天気',
```

```
'description': {'text': ' 本州付近は高気圧に覆われています。一方、低気
圧が九州の南にあって、東北東へ進んでいます。¥n¥n 東京地方は、晴れまたは曇りとなっ
ています。¥n¥n 19日は、高気圧に覆われて晴れますが、低気圧が本州南岸を東北東へ進
むため、夜には曇りとなり雨や雷雨となる所があるでしょう。伊豆諸島では雷を伴って激し
く降る所がある見込みです。¥n¥n 20日は、はじめ低気圧の影響で曇りで雨や雷雨となる
所がありますが、朝からは東シナ海の高気圧に覆われるため、晴れる見込みです。………',
    'publicTime': '2020-03-19T16:40:00+0900'}}
```

　うまく日本語で表示されているようです。ですが、データの量が膨大で、いったいどれが
東京の天気なのかがわかりにくいです。

▶▶ 今日と明日と明後日の天気だけを抜き出す

　Weather Hacksから返ってきたJSON形式のデータは、Pythonの辞書 (dict) 型と
まったく同じ形式です。Weather HacksのJSONデータでは、次のキーを指定すれば目
的の情報が取り出せます。

▼JSONデータのキーとその値

キー	値
location	予報を発表した地域。
title	タイトル・見出し。
link	リクエストされたデータの地域に該当するlivedoor 天気情報のURL。
publicTime	予報の発表日時。
description	天気概況文。
forecasts	府県天気予報の予報日ごとの配列 (リスト)。

　forecastsキーの値として、今日、明日、明後日の3日間の天気がリストとして格納され
ていて、リストの中身は予報日や天気を表す辞書 (dict) になっています。

▼forecastsのリストに格納されている辞書 (dict) のキーとその値

キー	値
date	予報日。
dateLabel	予報日(今日、明日、明後日のいずれか)。
telop	天気 (晴れ、曇り、雨など)。
temperature	さらに以下をキーとする辞書 (dict) を格納している。 max: 最高気温 min: 最低気温

　まずは、forecastsキーの中に入っているリストの1つ目の要素、今日の天気を表示してみることにしましょう。

▼今日の天気の部分を抜き出す

```
data['forecasts'][0]    #'forecasts'キーの1番目の要素を指定
{'dateLabel': '今日',
 'telop': '晴のち雨',
 'date': '2020-03-19',
 'temperature': {'min': None, 'max': None},
 'image': {'width': 50,
  'url': 'http://weather.livedoor.com/img/icon/6.gif',
  'title': '晴のち雨',
  'height': 31}}
```

　forecastsキーのリストの中身は、temperature、telop、date、dateLabelなどをキーとした辞書ですので、data['forecasts'][0]['telop']とすれば、今日の天気を示す'晴のち雨'の部分を取り出すことができそうです。

▼東京地方の今日、明日、明後日の天気予報を取得する

```
import requests
url = 'http://weather.livedoor.com/forecast/webservice/json/v1'
payload = {'city': '130010'}                                  #①
weather_data = requests.get(url, params=payload).json()  #②
for weather in weather_data['forecasts']:                     #③
```

```python
print(
    weather['dateLabel']
    + 'の天気は'
    + weather['telop']
)
```

requestsのget()メソッドでは、paramsという名前付きのパラメーターを使ってクエリ情報（辞書として設定）を指定することができます。このため①で東京のidを格納した辞書を作成し、②においてurlと共にget()メソッドの引数にしています。

③でweather_dataのリストから要素を1つずつ取り出し、'dateLabel'キーの値（予報日：今日、明日、明後日のいずれか）と'telop'キーの値（天気：晴れ、曇り、雨など）を画面に出力します。

○ 実行結果

OUT
```
今日の天気は晴のち雨
明日の天気は晴れ
明後日の天気は晴れ
```

Section 03 メインウィンドウを作成して ウィジェット(widget)を 配置しよう

PyQt5では、UI画面上のボタンやラベルなどの部品のことを総称して「ウィジェット(widget)」と呼びます。Qt Designerでは、まずUI画面の土台となる画面(「フォーム」と呼ばれる)を作成し、その上にウィジェットをドラッグ&ドロップで配置する流れで画面開発を行います。

メインウィンドウを作成する

Qt Designerを起動すると、画面の中央に**新しいフォーム**ダイアログが表示されます。このダイアログは、UI画面の土台である「フォーム」を作成、または既存のフォームを呼び出すためのものです。Qt Designerでは、このダイアログを使ってフォームを用意してからウィジェットの配置などの作業に取りかかるようになっています。まずは、新規のフォームを作成することにしましょう。

①ダイアログの左側のペインに [templates\forms] というカテゴリがありますので、これを展開し、[Main Window] を選択してください。選択したら**作成**ボタンをクリックしましょう。

▼メインウィンドウの作成

[Main Window] を選択

[作成] ボタンをクリック

メインウィンドウ用のフォームが作成されます。フォームの境界線上をドラッグしてサイズを幅855×高さ625（単位はピクセル）になるように調整します。とはいえ、ドラッグ操作で前述のサイズぴったりに設定するのは難しいので、**画面右側に表示されているプロパティエディタ**で次の項目を探して、オブジェクト名を含むそれぞれの値を設定するようにしてください。

▼メインウィンドウのプロパティ設定

プロパティ名		設定値
objectName		MainWindow
geometry	幅	855
	高さ	625

▼メインウィンドウのサイズ調整

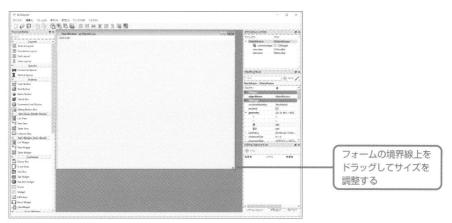

フォームの境界線上をドラッグしてサイズを調整する

ワンポイント

プレーン（まっさら）な状態のフォームを作成するには、「Main Window」、または「Widget」のどちらかを選択します。Main Windowを選択した場合はメニューバー付きのフォームが作成され、Widgetを選択した場合はメニューバーなしのまっさらな状態のフォームが作成されます。本節ではメニューバーを使用するため、Main Windowを選択してフォームを作成するようにしています。

01 はじめよう！プログラミング
02 プログラムとは
03 処理の流れを作ろう
04 いろんなデータを扱おう
05 プログラムの構造を作ろう
06 データをまとめて管理しよう
07 プログラムをGUI化しよう
資料

▼[プロパティエディタ] でプロパティを設定する

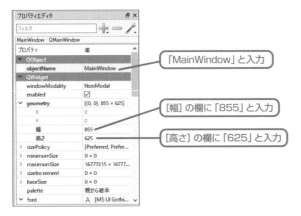

「MainWindow」と入力

[幅] の欄に「855」と入力

[高さ] の欄に「625」と入力

▶▶ メインウィンドウを保存しよう

　すぐにやらなければならないわけではないのですが、ここでメインウィンドウを保存しておくことにしましょう。

①**ファイル**メニューの**保存**を選択します。

▼Qt Designer の [ファイル] メニュー

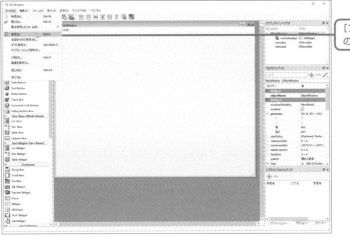

[ファイル] メニューの [保存] を選択する

②**名前を付けてフォームを保存**ダイアログが表示されるので、保存先を選択し、ファイル名（ここでは「qt_MainWindowUI」としました）を入力して**保存**ボタンをクリックします。

▼[名前を付けてフォームを保存] ダイアログ

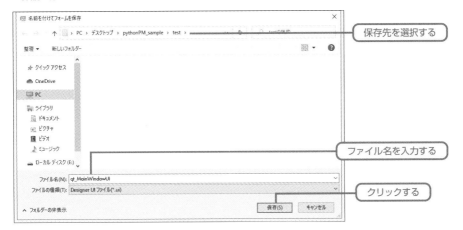

保存先を選択する

ファイル名を入力する

クリックする

注意 このあとでPythonのソースファイルなどの複数のファイルを作成しますので、これらのファイルをまとめて保存する、プログラム専用のフォルダーを作成のうえ、これを保存先に指定してください。

以上でメインウィンドウ（フォーム）がUI形式（拡張子「.ui」）のファイルとして保存されます。以降、メインウィンドウの保存を行えば、メインウィンドウ上に配置したボタンやラベルなどのウィジェット、さらにはウィジェットに対して行った設定など、メインウィンドウに対して行った設定のすべてが一緒に保存されるようになります。

ちなみにどのようなデータで保存されているのか、ファイルの中身を見てみることにしましょう。先ほど保存した「qt_MainWindowUI.ui」をテキストエディターで開くと次のように表示されました。

```
qt_MainWindowUI.ui
 1      <?xml version="1.0" encoding="UTF-8"?>
 2     <ui version="4.0">
 3      <class>MainWindow</class>
 4      <widget class="QMainWindow" name="MainWindow">
 5       <property name="geometry">
 6        <rect>
 7         <x>0</x>
 8         <y>0</y>
 9         <width>855</width>
10         <height>625</height>
11        </rect>
12       </property>
13       <property name="windowTitle">
14        <string>MainWindow</string>
15       </property>
16       <widget class="QWidget" name="centralwidget"/>
17       <widget class="QMenuBar" name="menubar">
18        <property name="geometry">
19         <rect>
20          <x>0</x>
21          <y>0</y>
22          <width>855</width>
23          <height>21</height>
24         </rect>
25        </property>
26       </widget>
27       <widget class="QStatusBar" name="statusbar"/>
28      </widget>
29      <resources/>
30      <connections/>
31     </ui>
32
```

XMLのタグが記述されています。

　XMLのタグがびっしりと記述されています。タグとは、ドキュメントの情報（ボタンの配置などの情報）を< >の記号を使って表した、XMLのソースコード内の部品のことです。XMLはWebページの作成に使われるHTML言語の上位に位置する言語なので、HTMLのソースコードの構造とよく似ています。

天気予報の地域を選択するラジオボタンを配置する

これから作成する「天気予報プログラム」では、天気予報の対象地域を8個のラジオボタンを使って選べるようにします。

ラジオボタンを配置してプロパティを設定する

　天気予報の対象地域が常に1か所だけだと寂しいので、ラジオボタンを8個配置し、これを使って8地域から選べるようにしたいと思います。

Qt Designerの画面左に、各種のウィジェットを配置するための**ウィジェットボックス**が表示されています。**Buttons**カテゴリに**Radio Button**のアイコンがありますので、それをフォーム上のリストの下にドラッグ＆ドロップすると、好きな位置にラジオボタンを配置できます。8個のラジオボタンを配置したら、それぞれのプロパティを設定します。

①**ウィジェットボックス**の**Buttons**カテゴリから**Radio Button**のアイコンをフォーム上にドラッグして配置します。

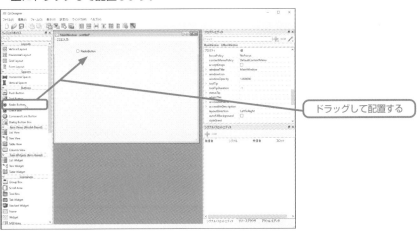

ドラッグして配置する

②同じように操作して、4個ずつ上下2段、計8個のラジオボタンを配置します。

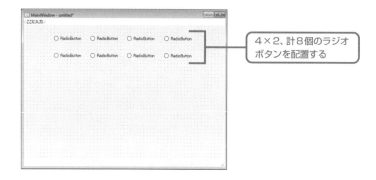

4×2、計8個のラジオ
ボタンを配置する

③以下の表のように、すべてのラジオボタンのプロパティを設定します。

▼ラジオボタン（上段左から1番目）のプロパティ設定

プロパティ名			設定値
QObject	objectName		radioButton_1
QWidget	font	ポイントサイズ	12
QAbstractButton	checkable		チェックを入れる。
	checked		チェックを入れる。

▼ラジオボタン（上段左から2番目）のプロパティ設定

プロパティ名			設定値
QObject	objectName		radioButton_2
QWidget	font	ポイントサイズ	12

▼ラジオボタン（上段左から3番目）のプロパティ設定

プロパティ名			設定値
QObject	objectName		radioButton_3
QWidget	font	ポイントサイズ	12

▼ラジオボタン（上段左から4番目）のプロパティ設定

プロパティ名			設定値
QObject	objectName		radioButton_4
QWidget	font	ポイントサイズ	12

▼ラジオボタン（下段左から1番目）のプロパティ設定

プロパティ名			設定値
QObject	objectName		radioButton_5
QWidget	font	ポイントサイズ	12

▼ラジオボタン（下段左から2番目）のプロパティ設定

プロパティ名			設定値
QObject	objectName		radioButton_6
QWidget	font	ポイントサイズ	12

▼ラジオボタン（下段左から3番目）のプロパティ設定

プロパティ名			設定値
QObject	objectName		radioButton_7
QWidget	font	ポイントサイズ	12

▼ラジオボタン（下段左から4番目）のプロパティ設定

プロパティ名			設定値
QObject	objectName		radioButton_8
QWidget	font	ポイントサイズ	12

④プロパティ設定後のラジオボタンです。上段左端のラジオボタンのみがオンの状態になっています。

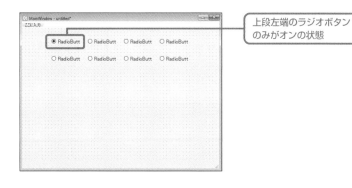

上段左端のラジオボタンのみがオンの状態

ラジオボタンのオン/オフで駆動する仕組みを作ろう

今回開発するGUI版「天気予報」アプリは、ボタンをクリックするとテキストの表示領域に、今日、明日、明後日の天気予報を表示する、イベントドリブン（イベント駆動）型のプログラムです。イベントドリブン型とは、「ボタンがクリックされた」「メニューが選択された」という出来事（イベント）が発生すると、これに対応したメソッドを呼び出して処理を行うプログラムのことです。この点で、UI画面を持つプログラムは、すべてイベントドリブン型のプログラムといえます。

さて、「天気予報」アプリでは具体的に、

①天気予報の地域を選択するための8個のラジオボタンのいずれかをオンにする。
②**天気予報を取得**ボタンをクリックする。
③**表示をクリア**ボタンをクリックする。
④プログラムを終了する際は**ファイル**メニューの**閉じる**を選択するか**閉じる**ボタンをクリックし、メッセージボックスの**Yes**と**No**ボタンのどちらかをクリックする。

という4つの操作を行います。それぞれのイベントは、

①は「ラジオボタンが選択された」
②は「**天気予報を取得**ボタンがクリックされた」
③は「**表示をクリア**ボタンがクリックされた」
④は「**ファイル**メニューの**閉じる**が選択された」、
または「**閉じる**ボタンがクリックされた」

となりますので、これらのイベントを検知して処理を行うプログラム（メソッド）を呼び出す仕組みを作ります。①の場合は、

ラジオボタンボタンが選択された $\xrightarrow{\text{呼び出し}}$ 地域を設定するメソッド

という仕組みを作ることになります。

これから行う操作は、フォーム上に配置したラジオボタンがオンにされたときに、プログラム本体にあるイベントハンドラー（スロット）を呼び出すための次のコードを作るためのものです。イベントハンドラーとは、イベントによって呼び出されるメソッドのことを指します。

self.radioButton_1.toggled['bool'].connect(MainWindow.r_buttonSlot1)

- ラジオボタンの識別名
- イベントの種類
- connect()メソッドで イベントハンドラーを呼ぶ
- イベントハンドラーが 定義されているクラス名

呼び出す

```
def r_buttonSlot1(self, bool):
    """radioButton_1がオンになったときに呼ばれるイベントハンドラー
    選択された地域の地域名とidをインスタンス変数に格納する。
    """
```

　イベントself.radioButton_1.toggled(toggledは選択されたときのイベント)が発生したら、connect()メソッドを実行してイベントハンドラー r_buttonSlot1()を呼び出すというコードになります。toggled['bool']となっているのは、イベント発生時にラジオボタンのオン/オフの状態を示すTrue/Falseの値をシグナル(Qt Designerではイベントのことを「シグナル」と呼んでいます)と一緒に受信するためです。toggledはラジオボタンがオンにされると常に発生しますが、このときオンであるかオフであるかを通知する仕組みを備えています。

　ただ、このイベントドリブンを実現するためのコードは、Qt Designerの操作で自動生成されるので、開発者自らタイピングする必要はありません。「こんなコードが生成されるんだ」という程度で眺めるだけにしておいてください。

▶▶radioButton_1のシグナル/スロットを設定する

　Qt Designerではイベントのことを「シグナル」、イベントによって呼び出されるイベントハンドラーのことを「スロット」と呼びます。では、左上隅に配置されたラジオボタン(radioButton_1)のシグナル/スロットの設定から始めていきましょう。

①ツールバーにある**シグナル／スロットを編集**ボタンをクリックします。

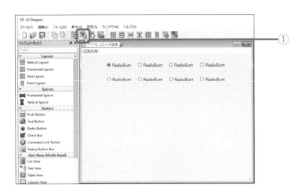

② Qt Designerの編集画面が「シグナル／スロットを編集」モードになります。左上隅の
radioButton_1にマウスポインターを移動し、ボタンが赤く表示されたタイミングでク
リックしてボタンの外側のフォーム上にドラッグし、赤い矢印がフォーム上を指す位置
に移動したらマウスボタンを離します。

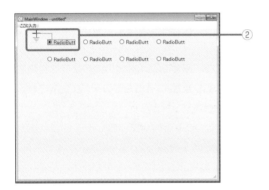

注意 矢印がフォーム以外のウィジェット（隣のラジオボタンなど）を指さないよう
に注意してください。

③**シグナル/スロット接続を設定**ダイアログが表示されますので、左側のペインで
[toggled(bool)] を選択します。

④右側のペイン下の**編集**ボタンをクリックします。

▼[シグナル/スロット接続を設定] ダイアログ

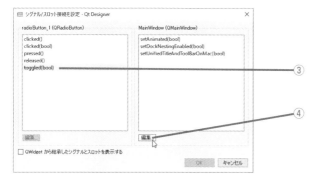

⑤ **MainWindowのシグナル/スロット**ダイアログが表示されます。**スロット**の⊞ボタン
をクリックするとスロット名が入力できるようになるので、「r_buttonSlot1()」と入力
して**Enter**キーを押します。

⑥ **OK**ボタンをクリックします。

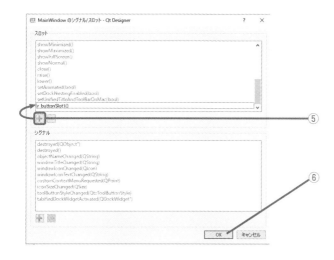

ワンポイント
r_buttonSlot1()はこのあとで作成するMainWindowクラスのイベントハン
ドラーの名前です。

⑦ **シグナル/スロット接続を設定**ダイアログの左側のペインで [toggled(bool)] が選択されている状態のまま、右側のペインで先ほど入力した [r_buttonSlot1()] を選択します。

⑧ **OK** ボタンをクリックします。

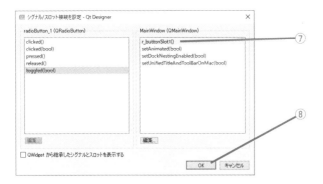

⑨ radioButton_1のシグナル/スロットが設定されたことが確認できます。

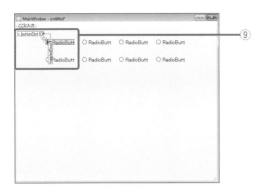

以上でradioButton_1のシグナル/スロットの設定は完了です。続いてradioButton_2のシグナル／スロットを設定します。

続いて、上段左から2番目のラジオボタン (radioButton_2) のシグナル／スロットを設定しましょう。

①上段の左から2番目のradioButton_2にマウスポインターを移動し、ボタンが赤く表示されたタイミングでクリックしてボタンの外側のフォーム上にドラッグして、赤い矢印がフォーム上を指す位置に移動したらマウスボタンを離します。

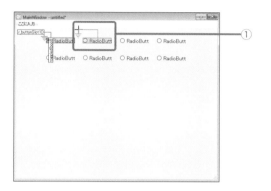

②**シグナル/スロット接続を設定**ダイアログが表示されますので、左側のペインで [toggled(bool)] を選択します。

③右側のペイン下の**編集**ボタンをクリックします。

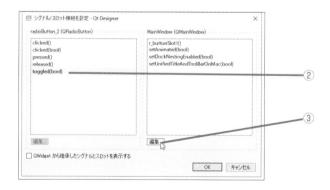

④**MainWindowのシグナル/スロット**ダイアログが表示されます。**スロット**の⊞ボタンをクリックし、「r_buttonSlot2()」と入力して**Enter**キーを押します。

⑤ **OK** ボタンをクリックします。

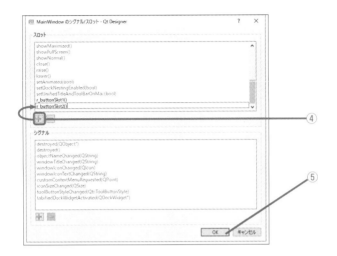

ワンポイント
r_buttonSlot2()はこのあとで作成するMainWindowクラスのイベントハンドラーの名前です。

⑥ **シグナル/スロット接続を設定**ダイアログの左側のペインで [toggled(bool)] が選択されている状態のまま、右側のペインで先ほど入力した [r_buttonSlot2()] を選択します。

⑦ **OK** ボタンをクリックします。

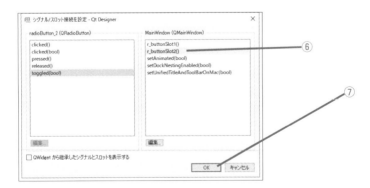

⑧ radioButton_2のシグナル/スロットが設定されたことが確認できます。

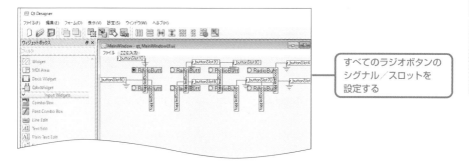

01 はじめよう!
プログラミング

02 プログラムの
材料

03 処理の流れを
作ろう

04 いろんなデータ
を作ろう

05 プログラムの
部品を作ろう

06 インターネットに
アクセスしてみよう

07 プログラムを
GUI化しよう

資料

▶▶ radioButton_3以降のシグナル/スロットを設定する

これまでに2個のラジオボタンのシグナル/スロットの設定を行いました。残る6個の
ボタンも同じように設定しましょう。radioButton_3以降のスロット名は次のようになり
ますので、それぞれこの名前でスロットを登録してください。

▼radioButton_3以降のスロット名

```
radioButton_3  →  r_buttonSlot3()
radioButton_4  →  r_buttonSlot4()
radioButton_5  →  r_buttonSlot5()
radioButton_6  →  r_buttonSlot6()
radioButton_7  →  r_buttonSlot7()
radioButton_8  →  r_buttonSlot8()
```

次は、すべてのラジオボタンのシグナル/スロットを設定したところです。

すべてのラジオボタンの
シグナル/スロットを
設定する

Section 05 プッシュボタンを2個配置してシグナル／スロットを設定する

[天気予報を取得] と [表示をクリア] ボタンを配置します。前者は選択された地域の天気予報を取得してLabelウィジェットに表示するボタン、後者はLabelウィジェットに表示されているテキストをクリアするボタンです。

[天気予報を取得] ボタンを配置してシグナル／スロットを設定しよう

今回のイベントは「ボタンがクリックされた」です。そこで、ボタンが「クリックされた」(clicked) というイベントを発生させるもとになる「Push Button（プッシュボタン）」というウィジェットを配置します。

①**ウィジェットボックス**の**Buttons**カテゴリに**Push Button**のアイコンがありますので、これをクリックして配置済みのラジオボタンの下へドラッグ＆ドロップします。

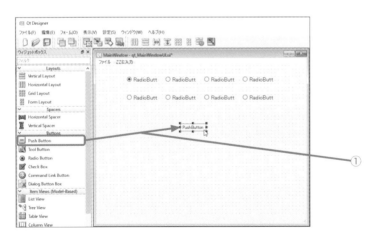

注意 編集画面が「シグナル／スロットの編集」モードになっている場合は、ツールバーの [ウィジェットを編集] ボタンをクリックして、ウィジェットの編集モードにしてください。

②プッシュボタンを選択した状態で、**プロパティエディタ**の各プロパティを次のように設定します。

▼Push Buttonのプロパティ設定

プロパティ名			設定値
QObject	objectName		pushButton
QWidget	geometry	X	230
		Y	130
		幅	140
		高さ	40
	font	ポイントサイズ	12
QAbstractButton	text		天気予報を取得

▶▶pushButtonのシグナル／スロットを設定しよう

続いて、シグナル／スロットを設定します。

①ツールバーにある**シグナル／スロットを編集**ボタンをクリックします。
②pushButtonにマウスポインターを移動し、ボタンが赤く表示されたタイミングでクリックしてボタンの外側のフォーム上にドラッグし、赤い矢印がフォーム上を指す位置に移動したらマウスボタンを離します。

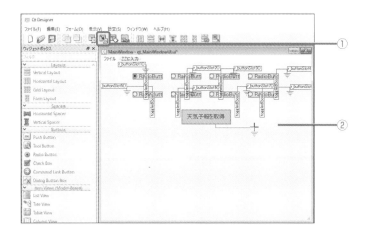

注意 矢印がフォーム以外のウィジェット（ラジオボタンなど）を指さないように注意してください。

③**シグナル/スロット接続を設定**ダイアログが表示されますので、左側のペインで [pressed()] を選択します。

④右側のペイン下の**編集**ボタンをクリックします。

▼[シグナル/スロット接続を設定] ダイアログ

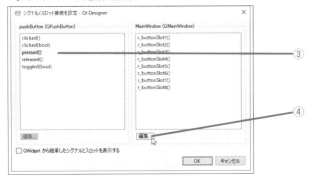

⑤**MainWindowのシグナル/スロット**ダイアログが表示されます。**スロット**の⊞ボタンをクリックして、「pushButtonSlot()」と入力して**Enter**キーを押します。

⑥**OK**ボタンをクリックします。

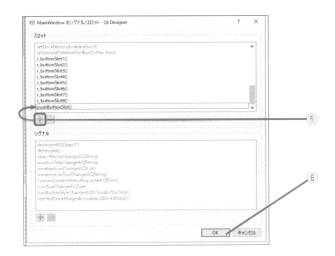

ワンポイント pushButtonSlot()はこのあとで作成するMainWindowクラスのイベントハ
ンドラーの名前です。

⑦ **シグナル／スロット接続を設定** ダイアログの左側のペインで [pressed()] が選択されて
いる状態のまま、右側のペインで先ほど入力した [pushButtonSlot()] を選択します。
⑧ **OK** ボタンをクリックします。

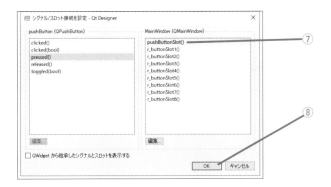

⑨ pushButtonのシグナル／スロットが設定されたことが確認できます。

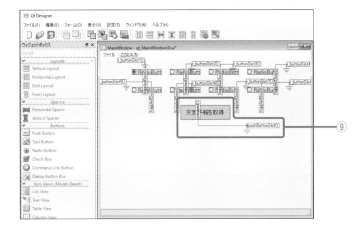

[表示をクリア] ボタンを配置してシグナル／スロットを設定しよう

天気予報アプリに備えるもう1つのプッシュボタン、天気予報の出力領域 (ラベル) をクリアする [表示をクリア] ボタンを配置して、シグナル／スロットを設定します。

①**ウィジェットボックスのButtons**カテゴリから**Push Button**のアイコンを**天気予報を取得**ボタンの下へドラッグ＆ドロップします。

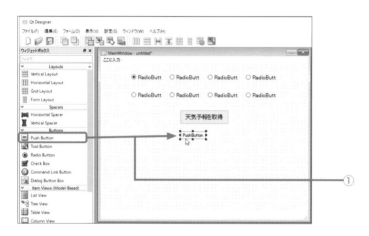

②配置したプッシュボタンを選択した状態で、**プロパティエディタ**の各プロパティを次のように設定します。

▼Push Buttonのプロパティ設定

プロパティ名			設定値
QObject	objectName		clearButton
QWidget	geometry	X	230
		Y	180
		幅	140
		高さ	40
	font	ポイント・サイズ	12
QAbstractButton	text		表示をクリア

続いて、配置したプッシュボタンのシグナル／スロットを設定します。

①ツールバーにある**シグナル／スロットを編集**ボタンをクリックします。

②追加したpushButtonにマウスポインターを移動し、ボタンが赤く表示されたタイミングでクリックしてボタンの外側のフォーム上にドラッグし、赤い矢印がフォーム上を指す位置に移動したらマウスボタンを離します。

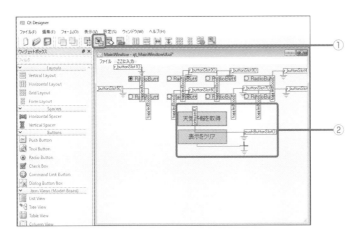

③**シグナル/スロット接続を設定**ダイアログが表示されますので、左側のペインで[pressed()] を選択します。

④右側のペイン下の**編集**ボタンをクリックします。

▼[シグナル/スロット接続を設定] ダイアログ

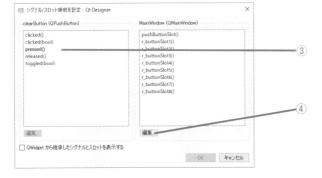

⑤**MainWindowのシグナル/スロット**ダイアログが表示されます。**スロット**の⊞ボタン
をクリックして、「clearButtonSlot()」と入力して**Enter**キーを押します。

⑥**OK**ボタンをクリックします。

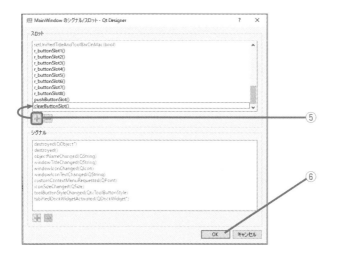

 clearButtonSlot()はこのあとで作成するMainWindowクラスのイベントハ
ンドラーの名前です。

⑦**シグナル/スロット接続を設定**ダイアログの左側のペインで [pressed()] が選択されて
いる状態のまま、右側のペインで先ほど入力した [clearButtonSlot()] を選択します。

⑧**OK**ボタンをクリックします。

⑨clearButtonのシグナル/スロットが設定されたことが確認できます。

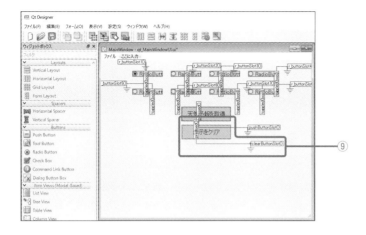

シグナル/スロットを設定するときの
ドラッグ操作では、矢印の先端が他の
ウィジェットを指さないようにして、土
台のフォームを指すように操作してく
ださい。

天気予報を出力するためのラベルを配置する

「Weather Hacks」のWebサービスから取得した、天気予報を知らせるメッセージは、Labelウィジェットに出力します。Labelは、テキストの表示のほかにイメージの表示も行える万能型の出力用ウィジェットです。

天気予報の出力領域、ラベルを配置する

天気予報アプリは、ユーザーが選択した地域の天気予報を「Weather Hacks」のWebサービスから取得し、今日、明日、明後日の天気予報をテキストとして抽出します。これを表示するためにLabel（ラベル）というウィジェットを使います。ラベルはテキストだけでなくイメージの表示も可能で、UI画面に何らかの情報を出力したい場合はラベルを使うのが常套手段です。テキストのフォント、サイズなどのスタイルを細かいレベルで設定できるほか、出力する内容をプログラム側で動的に切り替えることができるので、天気予報アプリの応答領域としてうってつけです。

①**ウィジェットボックス**の**Display Widgets**カテゴリに**Label**のアイコンがあります。これをクリックして、配置済みのプッシュボタンの下にドラッグ＆ドロップします。

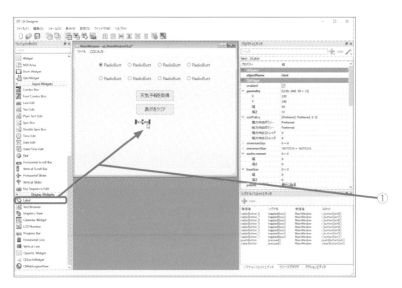

②ラベルを選択した状態で、**プロパティエディタ**の以下のプロパティを設定します。

▼Labelウィジェットのプロパティ設定

プロパティ名			設定値
QObject	objectName		labelResponce
QWidget	geometry	X	100
		Y	250
		幅	400
		高さ	160
	font	ポイントサイズ	14
		ボールド	チェックを入れる
QFrame	frameShape		Box
	lineWidth		1
QLabel	text		空欄にする
	alignment	横方向	中央揃え（横方向）
		縦方向	中央揃え（縦方向）

▼プロパティ設定後のラベル

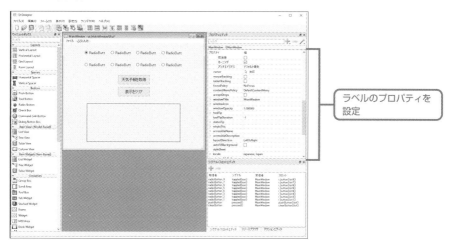

ラベルのプロパティを設定

Qt Designerでフォームを作成する際に「Main Window」を選択しました。これは、フォーム上にメニューを配置するためです。その甲斐あって、現在、フォームの上部にはメニューのための「メニューバー」が表示されています。

[ファイル] メニューを配置してメニューアイテム[閉じる] を設定する

これから、メニューバーを編集して**ファイル**メニューを作成し、メニューアイテムとして**閉じる**という項目を設定します。

①メニューバーに**ここに入力**という文字列が表示されているので、これをダブルクリックすると編集可能な状態になります。「ファイル」と入力し、**Enter**キーを押します。

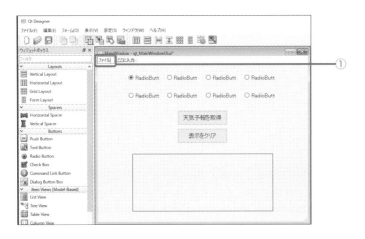

注意 状況によって、日本語のメニュー項目を入力できないことがあります。このような場合は、テキストエディターなどに項目名を入力し、これをコピー&ペーストするとうまくいきます。

②続いてメニューアイテムを設定します。現在、**ファイル**メニューが展開され、「ここに入力」の文字が見えますので、これをダブルクリックして「閉じる」と入力し、**Enter**キーを押します。

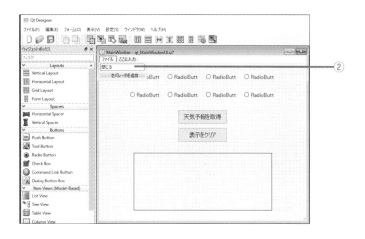

③これでメニューの外観は決まりましたので、最後にメニューアイテムの**閉じる**の識別名を設定しておきます。**閉じる**を選択した状態で、**プロパティエディタ**の**objectName**の入力欄に「menuClose」と入力します。

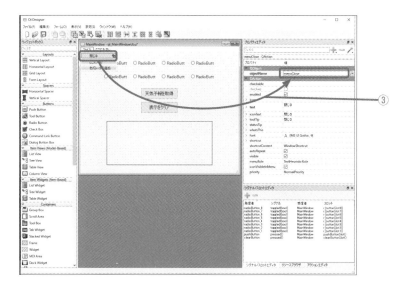

プロパティを設定する場合、確実にメニューアイテム [閉じる] を選択するには、[オブジェクトインスペクタ]([表示] メニューの [オブジェクトインスペクタ] で表示できます)で「menubar」➡「menu」以下のメニューアイテムを直接、クリックして選択します。

[閉じる] アイテムのシグナル／スロットを設定しよう

ファイルメニューの**閉じる**が選択されたときに、イベントハンドラーclose()を呼び出す仕組みを作ります。これは、UI画面のコードに以下の記述を盛り込むことが目的です。

▼[ファイル] メニューの [閉じる] が選択されたらclose() を呼び出す

self.menuClose.triggered.connect(QWidget.close)

メニューアイテムの識別名

イベントの種類

connect() メソッドでイベントハンドラーを呼ぶ

イベントハンドラーが定義されているクラス名

呼び出す

QWidget.close()

　PyQt5のQWidgetクラスで定義されているメソッドで、QCloseEventというイベントを発生させ、対象のウィジェットを閉じる。QCloseEventはイベントハンドラーQWidget.closeEvent()をコールバックするように紐付けられていて、この際に引数としてQCloseEventクラスのオブジェクトが渡される。

▶▶ [閉じる] が選択されたときのシグナル／スロットを設定する

　メニューアイテムのシグナル／スロットの設定は、これまでのように「シグナル／スロットを編集」モードを使った操作ではなく、**シグナル／スロットエディタ**で行います。

①画面右下の**シグナル／スロットエディタ**タブをクリックします。続いて上部の⊞ボタンをクリックしましょう(**シグナル／スロットエディタ**が表示されていない場合は**表示**メニューの**シグナル／スロットエディタ**を選択します)。

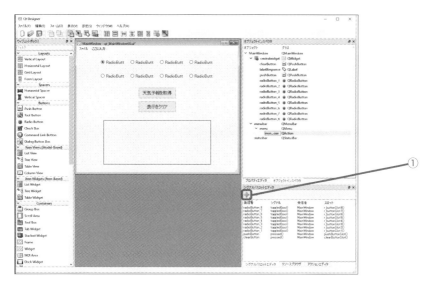

②新規の「シグナル／スロット」が追加され、＜発信者＞、＜シグナル＞、＜受信者＞、＜スロット＞と表示されています。＜発信者＞をダブルクリックします。

③ドロップダウンメニューを展開する▼が表示されるのでこれをクリックし、メニューアイテム**閉じる**の識別名**menuClose**を選択します。

④＜シグナル＞をダブルクリックして▼をクリックし、**triggered()**を選択します。
「triggered」は、メニューアイテムが選択したときに発生するイベント（シグナル）で
す。

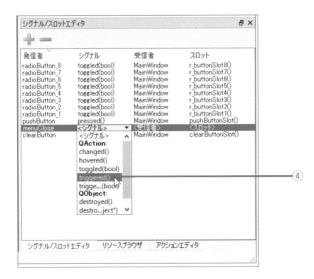

⑤＜受信者＞をダブルクリックして▼をクリックし、**MainWindow** を選択します。

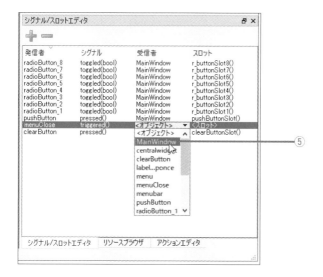

⑥＜スロット＞をダブルクリックして▼をクリックし、**close()** を選択します。

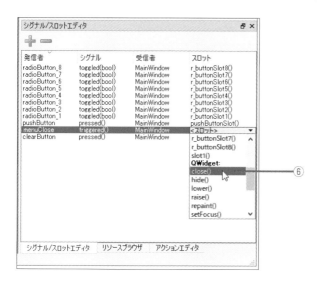

close()は、PyQt5のQWidgetクラスで定義されているメソッドです。

● QWidget.close()メソッド

QCloseEventというイベント（シグナル）を発生させ、ウィジェットを閉じます。
QCloseEventはイベントハンドラーQWidget.closeEvent()をコールバックするように
紐付けられていて、この際に引数としてQCloseEventクラスのオブジェクトが渡されま
す。

書式	QWidget.close()
戻り値	ウィジェットが閉じられた場合はTrue、そうでない場合はFalseを返します。

イベントハンドラーcloseEvent()もQWidgetクラスで定義されています。

● QWidget.closeEvent()

QCloseEventが発生したときにコールバックされるイベントハンドラー（スロット）で
す。オーバーライドして任意のコードを記述することで、ウィジェットを閉じる直前に何ら
かの処理を行うことができます。なお、このイベントハンドラーはデフォルトで、

```
QCloseEvent.accept()
```

を実行し、イベントQCloseEventを受け入れます（ウィジェットは閉じられます）。もし、
ウィジェットを閉じないようにする必要がある場合は、イベントハンドラーをオーバーライ
ドし、

```
QCloseEvent.ignore()
```

を実行してイベントを無効にする、といった使い方ができます。

書式	QWidget.closeEvent（QCloseEventオブジェクト）
引数	QCloseEventクラスのオブジェクト。QCloseEventはウィジェットが閉じられる ときに発生するイベントを表現するクラスで、イベントを受け入れてウィジェットを 閉じるかどうかを示す情報が含まれている。

以上のように、close()は、PyQt5のQWidgetクラスで定義済みなので、新たに用意す
る必要はありません。メニューアイテムのシグナルtriggeredに対するスロットとして登
録しておくだけでOKです。

以上でメニューアイテムの**閉じる**に対するシグナル／スロットの設定は完了です。

▼設定完了後の［シグナル／スロットエディタ］

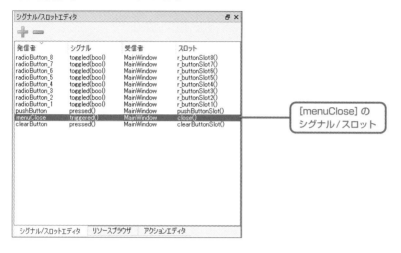

［menuClose］の
シグナル／スロット

完成したフォームをプレビューしてみよう

以上でUI画面の作成は完了です。実際にどのように表示されるのか見てみましょう。**フォーム**メニューをクリックして**プレビュー**を選択してみてください。

メニューを
展開できる

プログラムとして起動したときとまったく同じ状態で表示されました。ちゃんとメニューも展開できるのが確認できます。最後に**ファイル**メニューの**保存**を選択して、これまでの編集内容を保存してください。

UI画面の開発手順を細かく追っていきましたので、かなりボリュームの ある誌面になりましたが、操作自体はそんなに大変ではなかったと思い ます。何より実際のパーツを直接、操作しながら画面を作れるので、楽し ささえ感じる開発でした。

コンバート専用のプログラムを作ってXMLデータをPythonの コードに変換する

さて、開発したUI画面のデータは、現在XMLのコードとしてUI形式のファイルに保存 されています。

▼UI形式のファイル (qt_MainWindowUI.ui) をテキストエディターで開いたところ

XMLのタグがびっしり 書き込まれています。

このようにQt Designerで生成したXMLのコードを、Pythonのコードにコンバート（変換）して、プログラムに組み込めるようにします。

　PyQt5にはUI形式ファイルのXMLデータをPythonのコードにコンバートできるcompileUi()という関数が用意されていますので、これを利用してコンバート専用のプログラムを作ることにします。

　仮想環境上からSpyderを起動して、新規のモジュールを作成し、「convert_qt.py」というファイル名でいったん保存してください。保存先は、Qt Designerで作成した「qt_MainWindowUI.ui」と同じフォルダーです。天気予報アプリの専用フォルダーですね。では、モジュールを作成・保存したら次のコードを入力してください。

▼UI形式ファイルのXMLをPythonのコードにコンバートするプログラム (convert_qt.py)

```
from PyQt5 import uic                                       コード

# Qt Designerの出力ファイルを読み取りモードでオープン。
fin = open('qt_MainWindowUI.ui', 'r', encoding='utf-8')
# Python形式ファイルを書き込みモードでオープン。
fout = open('qt_MainWindowUI.py', 'w', encoding='utf-8')
# コンバートを開始。
uic.compileUi(fin, fout)
# 2つのファイルをクローズ。
fin.close()
fout.close()
```

ワンポイント ファイルをオープンする際は、Python標準の文字コード変換方式「UTF-8」を指定しています。これを指定しないと、ファイルのオープンに失敗するためです。

▶▶ コンバートを実行する

モジュールを上書き保存したら、いよいよコンバートです。といっても、Spyderのツールバーの**ファイルを実行**ボタンをクリックするだけです。

▼「convert_qt.py」を実行する

プログラムを実行すると、「qt_MainWindowUI.ui」をPythonにコンバートした「qt_MainWindowUI.py」が変換もとのファイルと同じ場所に生成されます。なお、生成されたPythonモジュールは、このプログラムを実行するたびに上書きされますので、UI画面の開発中や編集中はSpyderでこのプログラムを開いておいて、変更があった場合にその都度プログラムを実行してコンバート、という便利な使い方ができます。

では、どのようなファイルになったのか、生成された「qt_MainWindowUI.py」をSpyderで開いて中身を見てみましょう。ツールバーの**ファイルを開く**ボタンをクリックするか、**ファイル**メニューの**開く**を選択すると**ファイルを開く**ダイアログが表示されるので、ファイル名を指定して開いてください。

▼「qt_MainWindowUI.py」をSpyderで開いたところ

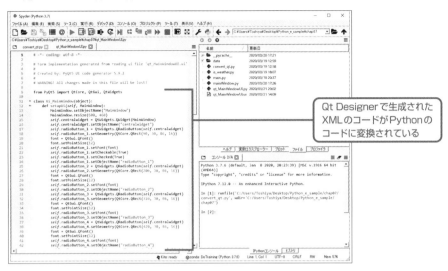

Qt Designerで生成された
XMLのコードがPythonの
コードに変換されている

　上部にPyQt5のインポート文が見えます。続いてUi_MainWindowという名前のクラスが宣言され、UI画面を表示するsetupUi()メソッドのコードが延々と続いています。このあと、Ui_MainWindowクラスをインスタンス化してオブジェクトを生成し、このオブジェクトからsetupUi()メソッドを実行することで、UI画面の表示を行いますので楽しみにしていてください。

09 GUI版天気予報プログラムの開発

ここからGUI版天気予報プログラム本体の開発に取りかかります。プログラムの機能としては、プログラム本来の処理のほかに、GUI化に伴って、画面を制御するための処置が必要になりますので、機能別に複数のモジュールを作成してプログラミングを行うことにします。

GUI版天気予報プログラムのファイル・フォルダーを確認しておこう

GUI版天気予報プログラムは、以下のモジュールで構成されます。

- **main.py**

  プログラムの起点となるモジュールです。アプリケーションオブジェクトを構築するQApplicationクラスとmainWindowクラスのオブジェクトを生成し、UI画面の表示を行います。

- **mainWindow.py**

  UI画面の描画を行うMainWindowクラスを定義します。このクラスは、UI画面のモジュール「qt_MainWindowUI.py」を読み込んで画面を構築する処理を行います。メインウィンドウで設定したシグナル/スロットのスロットに当たるイベントハンドラーの定義もここで行うので、プログラム全体のコントローラー的な役割を持つクラスです。

- **is_weather.py**

  Weather Hacksに接続して、ユーザーが希望する地域の天気予報を取得する処理を行うクラスを定義します。

- **qt_MainWindowUI.py**

  Qt Designerで出力したqt_MainWindowUI.uiをPythonモジュールに変換したもので、すでに作成済みです。

このほかに、以下のテキスト形式のファイルを用意します。

- **「data」フォルダー内のplace_code.txt**

  Weather HacksのWebサービスから情報を取得するのに必要な地域idと地域名をタブ区切りで保存します。

プログラムの起点、「main.py」モジュールを用意する

GUI版天気予報アプリの画面の構築とイベントの処理を担当するMainWindowクラスを定義します。このことから、プログラムの起動時にMainWindowクラスをインスタンス化し、画面表示を行わせる処理が必要になります。つまり、プログラムの起点となる処理を行うわけですが、これを「main.py」というモジュールにまとめます。

▶▶ メインウィンドウを起動してメッセージループを開始する処理を記述する

では、Spyderの**ファイル**メニューの**新規ファイル**を選択（またはツールバーの**新規ファイル**ボタンをクリック）して、新しいモジュール（ソースファイル）を作成しましょう。作成が済んだら、「main.py」という名前で、これまでのqt_MainWindowUI.pyやconvert_qt.pyなどを保存している、天気予報アプリ専用のフォルダーに保存してください。保存が済んだら、以下のコードを入力しましょう。

▼「main.py」のソースコード

```
import sys                                                    コード
from PyQt5 import QtWidgets
import mainWindow


# このファイルが直接実行された場合に以下の処理を行う。
if __name__ == "__main__":
    # QApplication()はウィンドウシステムを初期化し、
    # コマンドライン引数を使用してアプリケーションオブジェクトを構築する。
    app = QtWidgets.QApplication( ─────────────①
        sys.argv # コマンドライン引数を指定。
        )
    # 画面を構築するMainWindowクラスのオブジェクトを生成。
    win = mainWindow.MainWindow() ─────────────②
    # メインウィンドウを画面に表示。
    win.show()─────────────③
    # イベントループを開始、プログラムが終了されるまでイベントループを維持。
    # 終了時に0が返される。
    ret = app.exec_()─────────────④
    # exec_()の戻り値をシステムに返してプログラムを終了。
    sys.exit(ret)─────────────⑤
```

冒頭に、

```
if __name__ == "__main__":
```

という記述がありますが、これは、「このモジュールが直接、実行された場合に以下のコードを実行する」という処理を行うためのものです。プログラムを起動する順番としてはまず、①の

```
app = QtWidgets.QApplication(sys.argv)
```

でQtWidgets.QApplicationクラスのオブジェクトを生成します。QApplicationはGUIアプリの根幹となるクラスで、コマンドライン引数を指定してからインスタンス化を行います。コマンドライン引数とは、コマンドラインでアプリを実行する際に渡すことができる引数のことで、sys.argvで取得できます。ただ、これはQApplicationクラスの仕様に従って指定しているだけです。

続く②で、MainWindowクラスのオブジェクトを生成します。

```
win = mainWindow.MainWindow()
```

生成したMainWindowオブジェクトから、MainWindowクラスのスーパークラスQtWidgetsで定義されているshow()メソッドを使ってUI画面を表示します（③）。

```
win.show()      # メインウィンドウを画面に表示
```

一方、UI画面を表示したあとは、画面の維持を行うことが必要です。何も行わないと、UI画面が表示されたとたん、一瞬で画面が閉じてしまうので、そうならないように、終了の操作が行われるまでは画面が閉じないようにします。このことを「メッセージループ」と呼び、QApplicationクラスのexec_()メソッドを使うと、メッセージループ上でUI画面を持つプログラムを実行することができます（④）。

```
ret = app.exec_()
```

ワンポイント app.exec_()は、アンダーバーなしでexec()と書くこともできます。PyQtの
もとになるQtではアンダーバーなしのexecが使われているのですが、
Python2の頃にexecが予約語として使われていたため、exec_を使う必要
がありました。ですが、Python3からは予約語でなくなったため、現在はどち
らの記述もできるようになっています。

　UI画面上で**閉じる**ボタンがクリックされるなど、プログラムを終了する操作が行われる
と、exec_()は戻り値として0を返し、UI画面を閉じます。そこで、⑤の

```
sys.exit(ret)
```

でexec_()の戻り値を引数にしてsys.exit()関数を実行し、プログラムを終了するようにし
ています。ただ、実際にはメッセージループが終了し、exec_()メソッドが戻り値を返した
時点でプログラムが終了するので、sys.exit()関数がなくても問題はないはずです。です
が、明示的にプログラムを終了してメモリ解放を行うことを示すためと、PyQt5のドキュ
メントでも、sys.exit()関数による終了処理が明記されているので、これに従って記述して
おくことにしました。

UI画面を構築する「mainWindow.py」モジュールを用意する

　Qt Designerで開発したUI画面は、Pythonのモジュール「qt_MainWindowUI.py」に
Ui_MainWindowクラスとして保存されています。このUi_MainWindowをインスタンス
化して画面の構築を行うMainWindowクラスを定義します。UI画面を表示する流れは、
このあとで解説しますので、まずはSpyderの**新しいファイル**ボタンをクリックして新規の
モジュールを作成し、「mainWindow.py」という名前で保存してください。
　以下がMainWindowクラスを定義するコードです。メインウィンドウ用のQtWidgets.
QMainWindowクラスを継承したサブクラスとして定義します。細かくコメントを入れて
いるのでコードの量が多く見えますが、実際のコードの量はそれほど多くありませんので
頑張って入力しましょう。

プログラムを
GUI化しよう

資料

```
from PyQt5 import QtWidgets                                        コード
import qt_MainWindowUI
import is_weather

class MainWindow(QtWidgets.QMainWindow):
    """MainWindowクラス

    QtWidgets.QMainWindowを継承したサブクラス
    UI画面の構築を行う

    Attributes:
      ui(obj): Ui_MainWindowオブジェクトを保持する。
      weather(obj): WeatherResponderオブジェクトを保持する。
      place(str): 天気予報の地域名を保持する。
      id(int): 天気予報の地域名に連動したidを保持する。

    """
    def __init__(self):
        """初期化のための処理を行う

        ・スーパークラスの__init__()を呼び出す。
        ・WeatherResponderオブジェクトを生成。
        ・ファイルから地域名とidのリストを作成。
        ・Ui_MainWindowのsetupUi()を実行してUI画面を構築する。
        ・ラジオボタンのテキストを初期化。
        ・地域名とidの初期値をセット。
        """
        super().__init__()                                          ①
        # QMainWindowクラスの__init()__を実行。
        self.ui = qt_MainWindowUI.Ui_MainWindow()                   ②
        # Ui_MainWindowを生成。
        self.weather = is_weather.WeatherResponder()                ③
        # WeatherResponderを生成。
        self.initInfo()                                             ④
        # 地域名とidのリストを作成。
        self.ui.setupUi(self)                                       ⑤
        # setupUi()で画面を構築。MainWindow自身を引数にすることが必要。
        self.initRadioButton()                                     ⑥
```

```python
        # ラジオボタンのテキストを初期化。
        self.place = self.place_list[0] ──────────────⑦
        # 地域名の初期値をセット。
        self.id = self.id_list[0] ──────────────────⑧
        # idの初期値をセット。

    def initInfo(self):
        """ファイルを読み込み、地域名とid番号のリストを作成する。
        """
        # タブ区切りのデータファイルを読み取りモードで開く。
        with open('data/place_code.txt',
                # 読み込むファイルの相対パス。
                'r',
                # 読み取りモード'r'で開く。
                encoding = 'utf_8') as file:
                # エンコード方式はUTF-8。
            # 一括して読み込んで1行分を1要素とするリストにする。
            lines = file.readlines()

        new_lines = []
        # 末尾の改行を除いた行データを保持するリスト。
        for line in lines:
        # データのリストから1行データを取り出す。
            line = line.rstrip('\n')
            # 末尾の改行文字(\n)を取り除く。
            if (line!=''):
            new_lines.append(line)
            # 空文字以外をリストnew_linesに追加。

        self.place_list = []
        # 行データの地域名を要素にするリスト。
        self.id_list = []
        # 行データのidを要素にするリスト。
        for line in new_lines:
        # 改行を削除したリストから1行データを取り出す。
            place, id = line.split('\t')
            # タブで分割して地域名とidを各変数に格納。
            self.place_list.append(place)
            # 地域名をリストplace_listに追加する。
            self.id_list.append(id)
```

01 はじめよう！
プログラミング

02 プログラムの
骨格

03 処理の流れを
作ろう

04 いろんなデータ
を扱おう

05 プログラムを
整理しよう

06 インターネットで
データを取得しよう

07 プログラムを
GUI化しよう

資料

```python
                    # idをリストid_listに追加する。

    def initRadioButton(self):
    """ ラジオボタンのテキストを初期化する。
    """
        for i in range(0, 8):
            # self.ui.radioButton_ に1～8までの番号を連結し、ラジオ
            # ボタンの識別名を作る。
            objName = 'self.ui.radioButton_' + str(i+1) + \
                    '.setText'
            # eval()でobjNameの文字列をコード化し、
            # すべてのラジオボタンのテキストをplace_listの地域名にする。
            eval(objName)(self.place_list[i])

    def pushButtonSlot(self):
        """ [天気予報を取得] ボタンのイベントハンドラー

        ・WeatherResponderクラスのget_weather()を実行して応答メッ
          セージを取得。
        ・取得した天気予報をラベルに出力。

        """
        # 選択されたラジオボタンの情報を使って天気予報を取得する。
        response = self.weather.get_weather(
                    self.place, # 地域名。
                    self.id     # id。
                )
        # 取得した情報をラベルに出力。
        self.ui.labelResponce.setText(response)

    def clearButtonSlot(self):
        """ [表示をクリア] ボタンのイベントハンドラー

        ・ラベルの内容をクリアする。

        """
        self.ui.labelResponce.clear()

    def closeEvent(self, event):
        """ウィジェットの「閉じる」イベントでコールされるイベントハンドラー
```

ウィジェットを閉じるclose()メソッドの実行時にQCloseEventによって呼ばれる。

```
Overrides:
    ・メッセージボックスを表示する。
    ・[Yes] がクリックされたらイベントを続行してウィジェットを閉じる。
    ・[No] がクリックされたらイベントを取り消してウィジェットを閉じない
      ようにする。

Parameters:
    event(QCloseEvent)：「閉じる」イベント発生時に渡される
    QCloseEventオブジェクト。

"""
# メッセージボックスを表示
reply = QtWidgets.QMessageBox.question(
        self,
        '確認',                  # タイトル
        "終了しますか?",          # メッセージ
        # Yes|Noボタンを表示する。
        buttons = QtWidgets.QMessageBox.Yes |
                  QtWidgets.QMessageBox.No
        )

#[Yes] クリックでウィジェットを閉じ、[No] クリックで閉じる処理を無効にする。
if reply == QtWidgets.QMessageBox.Yes:
    event.accept()    # イベント続行しcloseする。
else:
    event.ignore()    # イベントを取り消してUI画面に戻る。

def r_buttonSlot1(self):
    """ 1番目のラジオボタンがオンにされたときの処理。
    """
    self.place = self.place_list[0]
    self.id = self.id_list[0]

def r_buttonSlot2(self):
    """ 2番目のラジオボタンがオンにされたときの処理。
    """
    self.place = self.place_list[1]
```

```python
        self.id = self.id_list[1]

    def r_buttonSlot3(self):
        """ 3番目のラジオボタンがオンにされたときの処理。
        """
        self.place = self.place_list[2]
        self.id = self.id_list[2]

    def r_buttonSlot4(self):
        """ 4番目のラジオボタンがオンにされたときの処理。
        """
        self.place = self.place_list[3]
        self.id = self.id_list[3]

    def r_buttonSlot5(self):
        """ 5番目のラジオボタンがオンにされたときの処理。
        """
        self.place = self.place_list[4]
        self.id = self.id_list[4]

    def r_buttonSlot6(self):
        """ 6番目のラジオボタンがオンにされたときの処理。
        """
        self.place = self.place_list[5]
        self.id = self.id_list[5]

    def r_buttonSlot7(self):
        """ 7番目のラジオボタンがオンにされたときの処理。
        """
        self.place = self.place_list[6]
        self.id = self.id_list[6]

    def r_buttonSlot8(self):
        """ 8番目のラジオボタンがオンにされたときの処理。
        """
        self.place = self.place_list[7]
        self.id = self.id_list[7]
```

▶▶ __init__()による初期化のための処理

まずは初期化メソッドの__init__()から見ていきましょう。

①QtWidgets.QMainWindowクラスを継承していますので、冒頭でスーパークラスの__init__()を呼び出します。

②Ui_MainWindowオブジェクトを生成。

③Webサービスに接続して天気予報を取得するWeatherResponderオブジェクトを生成。

④データファイルを読み込んで地域名とidのリストを作成するinitInfo()メソッドを実行。

⑤Ui_MainWindowクラスのsetupUi()を実行してUI画面を構築。

⑥initRadioButton()を実行してラジオボタンのテキストを初期化する。

⑦インスタンス変数placeに地域名の初期値をセット。

⑧インスタンス変数idに地域のidの初期値をセット。

なお、スーパークラスの__init__()の呼び出し式は、Python3における書式を使っています。引数を省略していますが、省略せずにきちんと書くと次のようになります。

▼スーパークラスの__init__()呼び出しで引数を省略しない書き方

```
def __init__(self, parent=None):
    super(MainWindow, self).__init__(parent=parent)
```

Python3ではスーパークラスの__init__()を呼び出す際、引数を省略できるようになりましたが、あくまで「省略できる」ということなので、省略せずに書くと上記のような書き方になります。次の図は、UI画面が表示されるまでの流れを表したものです。

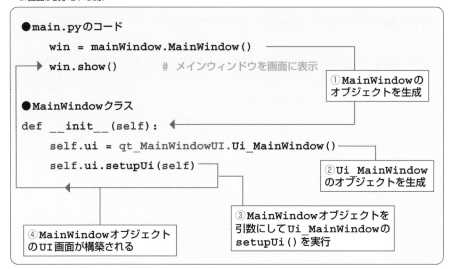

①のプログラムの起点、main.pyの

```
win = mainWindow.MainWindow()
```

でMainWindowをインスタンス化すると、MainWindowクラスの__init__()が実行され、UI画面を構築するモジュールqt_MainWindowUI.pyで定義されているUi_MainWindowクラスのインスタンス化が行われます（②）。

　③で、Ui_MainWindowオブジェクトからsetupUi()メソッドを実行します。このとき、引数はselfなので、現在のMainWindowオブジェクトがsetupUi()によってセットアップ（UI画面の構築）されることになります。MainWindowクラスはQtWidgets.QMainWindowクラスを継承していますので、setupUi()では、モジュールqt_MainWindowUI.pyにおいてインポートされたQtCore、QtGui、QtWidgetsクラスのメソッドを使ってUI画面を構築できるという仕組みです。

　以上でUI画面が構築されるので、main.pyの

```
win.show()
```

の記述によってメインウィンドウがディスプレイ上に出現することになります。

01 はじめよう！プログラミング

02 プログラムの材料

03 希望の形式を作ろう

04 いろんなデータを作ろう

05 プログラムの構造を作ろう

06 インターネットにアクセスしよう

07 プログラムをGUI化しよう

資料

▶▶ データファイルから「地域名」と「地域のid」をリストに読み込むinitInfo()

Weather Hacksの天気予報を提供するWebサービスは、全国各地の地域名に割り当てられた6桁のidを送信すると、要求された地域の天気予報の情報が返されるようになっています。そこで天気予報アプリでは、テキスト形式のファイルに任意の8地域の地域名とidを保存しておき、プログラムの起動時にこれを読み込むようにします。読み込んだ地域名は、メインウィンドウ上に配置した8個のラジオボタンのタイトルテキストとして表示するために使用し、6桁のidは、Webサービスに対してリクエストを送信する際に使用します。

まず、このような処理を行うために、天気予報アプリ専用のフォルダー内に「data」というフォルダーを作成し、このフォルダー内に次のテキストファイル（place_code.txt）を作成します。

▼place_code.txtの中身

```
東京        130010
横浜        140010
さいたま    110010
千葉        120010
小田原      140020
名古屋      230010
大阪        270000
福岡        400010
```

地域名とidをタブで区切り、1地域を1行のデータとします。idの一覧は、「http://weather.livedoor.com/forecast/rss/primary_area.xml」のページにまとめられていますので、任意の地域名とidを登録するようにしてください。ただし、登録する地域は8か所としてください。メインウィンドウに配置した地域選択用のラジオボタンの数が8個であるためです。あと、保存するときは文字コードのエンコード方式を「UTF-8」にしてください（UFT-8以外だと文字化けするので注意）。

initInfo()メソッドは、place_code.txtを読み込んで、リストplace_listに地域名を、リストid_listにidをそれぞれ格納します。先のplace_code.txtの場合だと、

```
place_list = [東京， 横浜， さいたま， 千葉， 小田原， 名古屋， 大阪， 福岡]
id_list = [130010, 140010, 110010, 120010, 140020, 230010, 270000, 400010]
```

のように、地域名とidがリスト要素として格納されます。

このメソッドは、先の__init__()から呼ばれますので、MainWindowクラスがインスタンス化された直後にファイルの読み込みが行われることになります。処理の詳細は、ソースコードに付けたコメントを参照してください。かなり細かいレベルでコメントを付けてありますので、コードの仕組みがわかりいただけると思います。

▶▶ ラジオボタンのタイトルテキストを設定するinitRadioButton()

MainWindowクラスの__init__()メソッドから呼ばれる、もう1つのメソッドがinitRadioButton()です。メソッド内部に配置したforブロックで処理を8回繰り返し、radioButton_1からradioButton_8までのテキストとして、place_listの第1要素から第8要素までを順番に割り当てていきます。この処理が行われることで、メインウィンドウに配置したラジオボタンのタイトルがplace_code.txtに登録してある地域名になります。

radioButton_の末尾にforループによって1〜8を付けることで、ラジオボタンの識別名を動的に生成するようにしていますが、これをソースコードとして認識されるようにeval()関数でコード化のための処理を行っています。

▼動的に作成した識別名をコード化する流れ

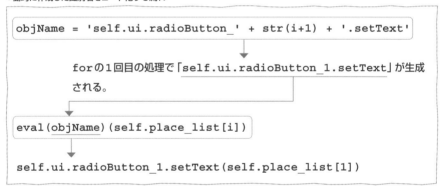

▶▶ 核心のWeb処理を呼び出し結果を表示するpushButtonSlot()

pushButtonSlot()は、**天気予報を取得**ボタンがクリックされたときにコールバックされるイベントハンドラーです。UI形式ファイルをコンバートしたqt_MainWindowUI.pyのsetupUi()メソッドの末尾に、シグナル／スロットを設定するコード

```
self.pushButton.pressed.connect(MainWindow.pushButtonSlot)
```

があります。このコードによって、ボタンがクリックされると即座にpushButtonSlot()の処理が開始されます。

▼pushButtonSlot()

```
def pushButtonSlot(self):                                    コード
    # 選択されたラジオボタンの情報を使って天気予報を取得する。
    response = self.weather.get_weather(self.place, self.id)
    # 取得した情報をラベルに出力。
    self.ui.labelResponce.setText(response)
```

　このあと定義するWeatherResponderクラスのget_weather()メソッドを実行して、今日、明日、明後日の天気予報を取得し、これをメインウィンドウ上のラベルに出力します。get_weather()メソッドは、地域名と地域のidをパラメーターで受け取るので、インスタンス変数placeとidに格納された地域名とidをそれぞれ引数にして呼び出すようにしています。

　なお、このあとで定義するラジオボタンのイベントハンドラーで、選択されたラジオボタンに対応する地域名とidをインスタンス変数placeとidに代入するようにしていますので、get_weather(self.place, self.id)のように引数を指定すればOKです。

▶▶ リストの内容をクリアするclearButtonSlot()

　clearButtonSlot()は、**表示をクリア**ボタンがクリックされたときにコールバックされるイベントハンドラーです。UI形式ファイルをコンバートしたqt_MainWindowUI.pyのsetupUi()メソッドの末尾に、シグナル／スロットを設定するコード

```
self.clearButton.pressed.connect(MainWindow.clearButtonSlot)
```

があります。このコードによって、ボタンがクリックされると即座にclearButtonSlot()が実行され、clear()メソッドによってラベルの内容がクリアされます。

▼clearButtonSlot()

```
def clearButtonSlot(self):
    self.ui.labelResponce.clear()
```

　ファイルメニューの**閉じる**アイテムが選択されたときのtriggeredイベント（シグナル）に対応するイベントハンドラー（スロット）としてclose()を設定しました。前にもお話ししましたが、close()はQWidgetクラスで定義されていて、対象のウィジェットを閉じる処理を行いますが、画面を閉じる直前にQCloseEventというイベントを発生します。で、これがどうなるかというと、QCloseEventのスロットとして紐付けられているcloseEvent()が即座にコールバックされます。この流れを図にして整理しておきましょう。

▼ウィジェットを閉じるイベント発生から実際に閉じられるまでの流れ

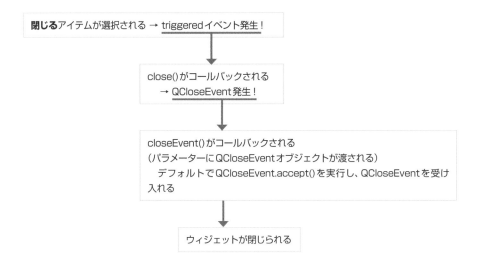

　close()が呼ばれてから実際にウィジェットが閉じられるまでに、closeEvent()が呼び出されますが、このイベントハンドラーはQCloseEvent.accept()を実行して「イベントを続行する」ことしかしません。では、なぜ間に「何もしないイベントハンドラー」が入っているのかというと、ウィジェットを閉じる前に何かの処理ができるようにするためです。つまり、closeEvent()をオーバーライドすることで、画面を閉じる前の処理を書くことができるのです。よく、画面を閉じようとすると「ファイルを上書き保存しますか？」というダイアログが表示されることがありますが、このような用途で利用できます。

ここで疑問点が1つ。それは、メインウィンドウ用のウィジェットには**閉じる**ボタンが付いていますが、このボタンをクリックしたときはどうなるか、ということです。幸いにもPyQt5の仕様として、**閉じる**ボタンもクリック時にclose()が呼ばれるようになっていますので、closeEvent()の処理は**閉じる**アイテムが選択されたときだけでなく、**閉じる**ボタンがクリックされたときにも行われることになります。

　では、closeEvent()の処理を説明しましょう。まず、QtWidgets.QMessageBox.question()メソッドでメッセージボックスを表示し、**Yes**ボタンがクリックされたらプログラムを終了する、という処理を行います。

▼メッセージボックスの表示

```
reply = QtWidgets.QMessageBox.question(
            self, '確認', "終了しますか?",
            buttons = QtWidgets.QMessageBox.Yes |
                      QtWidgets.QMessageBox.No
        )
```

▼ QtWidgets.QMessageBox.question() 関数の書式

```
QtWidgets.QMessageBox.question(実行もとのオブジェクト,
                    'タイトル用のテキスト',
                    'メッセージ用のテキスト',
                    buttons =
                    StandardButtons(Yes | No),
                    defaultButton = NoButton)
```

書式

　question()では、名前付き引数buttonsでメッセージボックスのボタンの種類を指定するようになっています。次は、表示可能な主なボタンを表示するための定数です。

▼メッセージボックス上のボタンの種類を設定する定数

定数名	定数値	説明
QMessageBox.Ok	0x00000400	「OK」ボタン。
QMessageBox.Open	0x00002000	「Open（開く）」ボタン。
QMessageBox.Save	0x00000800	「Save（保存）」ボタン。
QMessageBox.Cancel	0x00400000	「Cancel（キャンセル）」ボタン。
QMessageBox.Close	0x00200000	「Close（閉じる）」ボタン。
QMessageBox.Yes	0x00004000	「Yes（はい）」ボタン。
QMessageBox.No	0x00010000	「No（いいえ）」ボタン。

　ここでは行いませんが、名前付き引数defaultButtonを使って、どのボタンをアクティブにするかを設定できます。メッセージボックスの**No**ボタンをアクティブにする場合は、引数の最後に

```
defaultButton = QtWidgets.QMessageBox.No
```

と書きます。

　メッセージボックスのボタンがクリックされたときの処理として、question()関数はクリックされたボタンのオブジェクトを戻り値として返すので、

```
if reply == QtWidgets.QMessageBox.Yes:
```

で、**Yes**がクリックされたことを検知し、

```
event.accept()
```

で閉じるイベントQCloseEventを有効にし、ウィジェット（メインウィンドウ）を閉じます。これはcloseEvent()のデフォルトの処理ですね。一方、**No**がクリックされたときは、else以下で、

```
event.ignore()
```

のようにQCloseEventクラスのignore()でイベントを取り消します。イベントが取り消されたことにより、ウィジェット（メインウィンドウ）は閉じられません。

01
はじめよう！
プログラミング

02
プログラムの
材料

03
制御の流れを
作ろう

04
いろいろなデータを
扱ってみよう

05
プログラムの
部品を作ろう

06
インターネットから
ダウンロードしてみよう

07
GUI化しよう
プログラムを

資料

▶▶ ラジオボタンをオンにすると呼ばれるイベントハンドラー

ラジオボタンは全部で8個ありますので、オンにされたときに呼ばれるイベントハンドラーも8個用意しました。1番目のラジオボタンradioButton_1がオンにされたときは、qt_MainWindowUl.pyのsetupUi()メソッドの末尾に、シグナル／スロットを設定するコード

```
self.radioButton_1.toggled['bool'].connect(MainWindow.r_buttonSlot1)
```

がありますので、このコードによってr_buttonSlot1()が実行されます。

▼r_buttonSlot1()

```
def r_buttonSlot1(self):                       コード
    self.place = self.place_list[0]
    self.id = self.id_list[0]
```

処理としては、インスタンス変数placeにplace_list[0]を代入し、idにid_list[0]を代入します。つまり、place_code.txtに登録した1行目の地域名とidが、それぞれインスタンス変数に代入されるというわけです。なので、

```
radioButton_2がオン ➡ r_buttonSlot2() ➡ place_code.txtの2行目
                                        のデータをplace、idに代入
radioButton_3がオン ➡ r_buttonSlot3() ➡ place_code.txtの3行目
                                        のデータをplace、idに代入
                    ・
                    ・
radioButton_8がオン ➡ r_buttonSlot8() ➡ place_code.txtの8行目
                                        のデータをplace、idに代入
```

という仕組みを実現するために、r_buttonSlot2()からr_buttonSlot8()までを用意し、オンにされたラジオボタンに対応する地域名とidをインスタンス変数に代入するようにしています。

Webサービスに接続して天気予報を取得する「is_weather.py」モジュール

　最後に作成するモジュールは、Webサービスに接続して天気予報を取得する「is_weather.py」です。Spyderで新規のモジュールを作成して、「is_weather.py」という名前で保存したら、以下のコードを入力して上書き保存してください。

▼is_weather.py

```python
import requests

class WeatherResponder:
    """WeatherResponderクラス
    Weather Hacksに接続して、ユーザーが希望する地域の天気予報を取得する。
    """

    def get_weather(self, place, id):
        """ Weather Hacksに接続して天気予報を取得する。

        Parameters:
            place(str): ユーザーが希望する地域名。
            id(str): ユーザーが希望する地域のid。

        Returns:
            str: 今日、明日、明後日の天気予報を伝える応答フレーズ。
        """
        # Weather HacksのURL。
        url = 'http://weather.livedoor.com/forecast/
            webservice/json/v1'
        # 'city'をキー、idをその値とした辞書オブジェクトを作成
        payload = {'city': id}
        # 天気予報を取得する。
        weather_data = requests.get(url, params=payload).
        json()
        forecast = '～' + place + 'の天気予報～\n'
        # 今日、明日、明後日の天気を順番に取り出して応答を作る。
        for weather in weather_data['forecasts']:
            forecast += (
                '\n'                        # 改行
                + weather['dateLabel'] # 予報日を取得
```

01 はじめよう！プログラミング
02 プログラムの材料
03 処理の流れを作ろう
04 いろんなデータを扱おう
05 プログラムの部品を作ろう
06 インターネットにアクセスしよう
07 プログラムをGUI化しよう
資料

```
            + 'の天気は'               # つなぎの文字列
            + weather['telop']        # 天気情報を取得
        )
    return forecast
```

　get_weather()メソッドの処理としては、パラメーターで受け取ったidを引数にしてrequests.get()メソッドを実行し、今日、明日、明後日の天気予報を取得します。この章の冒頭でrequests.get()メソッドによる天気予報の取得をやりましたので、簡単ですね。

　あと、取得した天気予報のJSONデータから今日、明日、明後日の文字列と共に天気予報の文字列を取り出し、つなぎの文字列'の天気は'を間に挟んで応答用の文字列を作って、これを戻り値として返します。

天気予報アプリを実行して天気予報をゲットしよう！

　GUI版天気予報アプリが完成しました。さっそくSpyderの**実行**ボタンをクリックしてアプリを起動してみましょう。このとき、main.pyを表示した状態で行ってくださいね。

　東京のラジオボタンがオンになっていますが、ここは横浜をオンにして天気予報を取得してみましょう。

▼起動した天気予報アプリ

▼横浜の天気予報

③天気予報が表示される

①[横浜]をオンにする

②[天気予報を取得]をクリックする

無事、横浜の今日、明日、明後日の天気予報が表示されました。では、**ファイル**メニューの**閉じる**を選択するか、**閉じる**ボタンをクリックしてみてください。

▼確認を求めるメッセージボックス

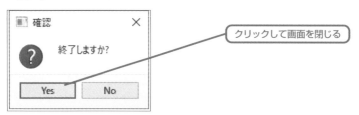

Yesボタンをクリックすればアプリが終了し、**No**をクリックすればアプリの画面に戻ります。ワンクリックで天気予報がわかりますので、PCをよくお使いの方なら、常時起動しておいて常に天気予報のチェック、という使い方もよいかもしれません。もちろん、place_code.txtの内容を書き換えれば、あらゆる地域の天気予報が取得できますので、お好きな地域に書き換えて、ぜひ使ってみてください。

COLUMN 天気予報アプリをダブルクリックで起動する

せっかく作成した天気予報アプリですので、毎回Spyderから起動するのは面倒です。そこで、mainモジュールのアイコンを直接、ダブルクリックで実行する方法を紹介します。

Pythonのモジュール（.py）はPythonの実行プログラムpython.exeに関連付けられているので、直接ダブルクリックして起動することができます。が、python.exeはコンソールアプリ用の実行プログラムなので、GUIの画面を持つプログラムは、Pythonの末尾にwが付いたpythonw.exeという実行プログラムで起動することが必要です。そこで次の手順で、拡張子「.pyw」のファイルの「仮想環境上のpythonw.exeへの関連付け」を行います。

①GUIアプリのモジュール（main.py）のコピーを作成し、ファイル名を「main.pyw」にします。拡張子が「.pyw」であることに注意してください。

②「main.pyw」のアイコンを右クリックして**プログラムから開く➡別のプログラムを選択**を選択します。

③**このファイルを開く方法を選んでください**の画面で**常にこのアプリを使って.pywファイルを開く**にチェックを入れ、画面を下にスクロールして**その他のアプリ**をクリックします。

④画面を下にスクロールして**このPCで別のアプリを探す**をクリックします。

⑤**プログラムから開く**ダイアログが表示されるので、仮想環境の場所を開きます。Windowsの場合、Anacondaのデフォルトの仮想環境は、Cドライブのユーザー用フォルダー内の「Anaconda3」➡「envs」以下です。本書の場合は「DoTraining」という仮想環境名ですので、「C:¥Users¥UserName¥Anaconda3¥envs¥DoTraining」を開きます。

⑥「pythonw.exe」を選択して**開く**ボタンをクリックします。

　以上で仮想環境上の「pythonw.exe」への関連付けが行われるので、.pywファイルのアイコン（ここでは「main.pyw」）をダブルクリックすれば天気予報が起動してUI画面が表示されるようになります。

● **macOSの場合**

①拡張子が「.pyw」のアイコン（main.pyw）を右クリックして**情報を見る**を選択します。

②**このアプリケーションで開く**のメニューを展開し、**その他**を選択して「Anaconda3」➡「envs」➡「仮想環境名」フォルダー内にある「pythonw.exe」を選択します。

③**このアプリケーションで開く**の**すべてを変更**をクリックします。

01 はじめよう！プログラミング

02 プログラムの材料

03 処理の流れを作ろう

04 いろんなデータを作ろう

05 プログラムの関数を作ろう

06 インターネットにアクセスしてみよう

07 プログラムをGUI化しよう

資料

第1章練習問題の解答

1 プログラミング言語の形態には、ソースコードを機械語に翻訳しておいてから実行する「コンパイラー型」と、ソースコードをその場で機械語に翻訳しながら実行する「インタープリター型」があります。

2 シンプルな言語体系であることと学習コストが低いことです。
・ソースコードは、きっちりインデント（字下げ）して書く決まりがあるので、コード全体の構造がわかりやすい。
・面倒な手続きが少ないので、記述するコードの量が少なくて済む。
・文法が平易なので直感的に理解しやすい。
・言語独自の難しい言い回しが少ない。

3 Python標準の「IDLE」、またはAnacondaに付属している「Jupyter Notebook」、「Spyder」を使うのが定番です。

第2章練習問題の解答

1 プログラムにおけるデータは、データの内容（文字列とか数値など）を直接扱うこともできますが、通常は名前を付けて管理します。これを「変数」といいます。変数名を付けられたデータは、その変数名を指定することでデータにアクセスすることができます。

2 基本的なデータ型に、数値型（int型およびfloat型）、文字列型（str型）、ブール型（bool型）があります。

3 以下は、Pythonの基本的な演算子です。

● **算術演算子**
＋や－などの計算に使う記号を使って、足し算や引き算、割り算、掛け算などを行います。

● **単項プラス演算子（＋）、単項マイナス演算子（－）**
単項プラス／マイナス演算子は、単項演算子なので「＋2」や「－2」のように演算の対象は1つです。「y=2」の場合、「x= －y」とするとyの値の符号が反転するので、xには－2が代入されます。

● **代入演算子による値の代入**
指定した値を変数に代入するための演算子です。左辺（＝の左側）は常に変数であることが必要です。

第3章練習問題の解答

1 ifは条件式の結果がTrueであれば次の行に書いてあるコードを実行します。

▼if

```
if 条件式 :
[Tab] 条件式がTrueのときにやること
```

01 はじめよう！プログラミング

02 プログラムの対話

03 部品の流れを作ろう

04 いろいろと実行しよう

05 プログラムの部品を作ろう

06 インターネットにアクセスしよう

07 プログラムをもっと便利にしよう

▼if...else

```
if 条件式 ：
    条件式が成立した（Trueの）ときに実行する処理
else:
    条件式が成立しなかった（Falseの）ときに実行する処理
```

▼if...elif...else

```
if 条件式1 ：
    条件式1が成立した（Trueの）ときに実行する処理
elif 条件式2 ：
    条件式2が成立した（Trueの）ときに実行する処理
else ：
    すべての条件式が成立しなかった（Falseの）ときに実行する処理
```

2 forは、指定した回数だけ処理を繰り返します。

```
for 変数 in イテレート可能なオブジェクト：
    繰り返す処理
```

イテレート可能なオブジェクトというのは「繰り返し処理できるデータ」です。range()関数を使うと、指定した回数だけ処理を繰り返せるオブジェクトを生成できます。

```
for count in range(5):  ◀── print(count)を5回繰り返す
    print(count)
```

3 whileは「条件式がTrueである限り」処理を繰り返します。

```
while 条件式 ：
    繰り返す処理
```

第4章練習問題の解答

1 文字列の中の改行やタブなどの特殊な意味を持つ文字のことを「エスケープシーケンス」と呼びます。「¥」で文字をエスケープすれば改行（¥n）やタブ（¥t）を文字列の中に埋め込むことができます。

2 リスト型のオブジェクトには複数のオブジェクトを格納できるので、複数の値をまとめて管理する場合に使用します。

▼リストを作る

```
変数 = [ 要素1, 要素2, 要素3, ... ]
```

3 「辞書」は、キー（名前）と値のペアを要素として管理できるデータ型です。リストやタプルがインデックスを使って要素を参照するのに対し、辞書はキーを使って要素を参照します。

▼辞書の作成

```
変数 = {キー1 : 値1, キー2 : 値2, ...}
```

第5章練習問題の解答

1 関数とは、ある処理を行うコードブロックのまとまりに名前を付けたものです。関数を作成（定義）すれば、関数名を使って呼び出し、処理を行わせることができます。関数には「パラメーター」を設定できるので、任意の値を（引数として）パラメーターに渡すことで、その値を使って処理を行わせることもできます。また、必要に応じて、処理結果を「戻り値」として呼び出しもとに返すことも可能です。

2 「クラス」はオブジェクトを作るためのソースコードをまとめたものです。クラスの内部では「メソッド」を定義することができ、クラスから生成したオブジェクトから呼び出して任意の処理を行えます。

3 「継承」とは、あるクラス（スーパークラス）の機能（メソッドなど）をそのまま引き継いだ別のクラス（サブクラス）を作成することです。継承を行うことで、スーパークラスのメソッドがそのまま使えることに加え、メソッドの中身を書き換えて（再定義して）「オーバーライド」することができます。そのことにより、同じ名前のメソッドであっても、実行もとのオブジェクトがどのクラスのものであるかによって、メソッドを呼び分けられます。このような機能を使えるようにするのが継承の目的です。

第6章練習問題の解答

1 Webページの表示は、HTTPという通信規約（Web上で通信を行うための約束事）を使って行われます。具体的には、ブラウザーがHTTPのGETメソッドをWebサーバーに送信し、サーバーからWebページのデータが返ってくるという流れでブラウザーへの表示が行われますが、このやり取りは「リクエスト（要求）メッセージ」と「レスポンス（応答）メッセージ」を使って行われます。

2 外部モジュールの「Requests」を使用し、get()メソッドでデータを取得します。

3 Webサイトからページの情報を丸ごと取得することを「クローリング」と呼ぶのに対し、クローリングして集めたデータから必要なものだけを取り出したり、使いやすいようにデータのかたちを変えることを「スクレイピング」と呼びます。スクレイピング専用の「BeautifulSoup4」をインストールすれば、Pythonでスクレイピングの処理が容易に行えます。

用語索引
INDEX

資料

世界でいちばん簡単な
Python
プログラミングの本
[Anaconda/Jupyter対応 第2版]
Pythonアプリ作りの考え方が身に付く

2020年6月10日 第1版第1刷発行

著　者　　金城　俊哉

発行者　　斉藤　和邦
発　行　　株式会社秀和システム
　　　　　〒135-0016
　　　　　東京都江東区東陽2-4-2　新宮ビル2F
　　　　　Tel　03-6264-3105（販売）
　　　　　Fax　03-6264-3094

イラスト　　タナカ　ヒデノリ

印刷所　　三松堂印刷株式会社

ISBN978-4-7980-6187-0 C3055